种草养禽
配套生产技术

宋祯 著

U0211232

化学工业出版社

·北京·

内容简介

本书详细介绍了豆科牧草中紫花苜蓿、车轴草、花生秧，禾本科草料中黑麦草、饲草玉米、狼尾草属牧草，菊科草料中菊苣、菊花、蒿草，其他科草料中酸模、薹草属的品种、营养特性及其影响因素、在家禽养殖中的利用技术等，深入阐述了种草养禽的低成本、高效益优势。

全书内容较为系统和全面，同时语言精练、通俗易懂，具有较好的生产指导价值，对动物营养、家禽养殖、动物科学等专业师生、科研人员、养殖企业技术人员、专业养禽户等具有良好的阅读参考价值。

图书在版编目（CIP）数据

种草养禽配套生产技术 / 宋祯著. --北京 ：化学工业出版社，2024.11. -- ISBN 978-7-122-46400-2

Ⅰ. S83

中国国家版本馆 CIP 数据核字第 2024KB2414 号

责任编辑：邵桂林　　　　　　　　　装帧设计：关　飞
责任校对：王鹏飞

出版发行：化学工业出版社
　　　　　（北京市东城区青年湖南街 13 号　邮政编码 100011）
印　　刷：北京云浩印刷有限责任公司
装　　订：三河市振勇印装有限公司
850mm×1168mm　1/32　印张 7　字数 184 千字
2025 年 1 月北京第 1 版第 1 次印刷

购书咨询：010-64518888　　　　　售后服务：010-64518899
网　　址：http：//www.cip.com.cn
凡购买本书，如有缺损质量问题，本社销售中心负责调换。

定　　价：45.00 元　　　　　　　　版权所有　违者必究

随着现代农业技术的不断发展和对生态环境保护的日益加强，人们逐渐意识到单一、传统的养殖模式已难以满足现代社会的需求。特别是在家禽养殖领域，传统的饲养方式不仅效率低下，还容易对环境造成污染。正是在这样的背景下，种草养禽配套生产技术应运而生，这一技术支持发展种养有机结合的绿色循环农业，注重地域特色，推进农业绿色发展。为加强农村生态文明建设、加快形成绿色低碳生产生活方式，走资源节约、环境友好的可持续发展开辟新的道路。种草养禽配套生产技术不仅是解决畜牧业饲料供给不足、运储成本高的关键措施，也是解决动物粪污最经济最直接的举措，同时也能够形成特色鲜明、类型丰富、协同发展的乡村产业体系。种草养禽配套生产作为一种生态循环农业模式，不仅能够有效利用土地资源，还能促进生态平衡，提高农产品的质量和安全水平。

禽类包括鸡、鸭、鹅、鹌鹑、鸵鸟、鸸鹋等，其中土种鸡、番鸭、鹅、鸵鸟、鸸鹋具有较强的粗饲料消化能力，适于放牧养殖。放牧饲养不仅有助于禽类摄取到更为丰富、天然的饲料，还能通过自由活动提升禽类的健康水平和产品质量。放牧饲养也有助于减少饲料粮的使用，同时，通过大力发展饲草型畜牧业，也可扭转"人畜争粮"尴尬局面。

种草养禽配套生产技术设计的技术要点包括种草的选择、牧草种植与管理以及禽类饲养管理等几个方面。本书考察了地方品种禽类喜食的豆科、禾本科、菊科等优质品种青绿饲料，并对这些草料品种的农艺特性和饲用价值等进行了评定分析。尤其对于饲草利用技术，采用典型案例分析形式，便于养殖企业参考借鉴。

我们相信，通过不断探索和实践，种草养禽配套生产技术将在未来发挥更加重要的作用。它不仅能够为养殖业带来革命性的变革，还能够促进农业与环境的和谐发展，为人类社会创造更多的价值。

由于知识和能力所限，书中定有不妥或不完善之处，诚挚地欢迎同行和读者朋友提出宝贵的意见和建议，以便在本书将来进一步修订再版。

目录

第一章

豆科牧草

第一节　紫花苜蓿

紫花苜蓿是当今世界分布最广的栽培牧草，在我国已有两千多年的栽培历史，主要分布在西北、华北、东北、江淮流域。

一、优质紫花苜蓿品种

1. 中苜1号

中苜1号由中国农业科学院北京畜牧兽医研究所选育而成，国家级审定编号：宁审苜2003006。

（1）特征特性　中苜1号株高80～100cm，株型直立；主根明显，入土深度3～6m，侧根较多根系发达；根茎部多分枝，单株分枝6～14个，茎上具棱，疏被绒毛。叶色深绿，羽状三出复叶，疏被绒毛，托叶2片，小叶倒卵形，长1.5～3.5cm；总状花序，花冠紫色或浅紫色，小花7～25朵，荚果螺旋形2～3圈，种子肾形，种皮黄色，千粒重2.0g。早熟、抗旱、耐瘠薄、耐寒、耐盐碱，生长迅速、再生能力强。营养丰富，家畜喜食。缺点是抗霜霉病能力一般，抗倒伏能力一般。适宜水、旱、盐碱地及中低产田种植。适宜在华北、西北及东北地区种植，尤其适宜在我国东部沿海地区及内陆地区的盐碱地种植。

（2）栽培要点　播种，选择土层深厚疏松的中性或微碱性沙壤土、壤土地种植。干旱严重地区应在播种前进行镇压。在地温稳定达到 5℃ 以上、土壤墒情好时，4 月初～7 月 20 日均可播种。生产苜蓿干草的亩播量 1.2～1.5kg，一般播深 2cm、行距 15～30cm。施肥，播种前施一次过磷酸钙每亩 20kg，或在每茬刈割后撒施尿素每亩 5～7kg。用化学药剂或提前刈割的办法防治病虫害。刈割时期与留茬高度，第一茬在苜蓿初花期收割（6 月初），留茬 3～5cm，霜冻来临前的 20～30d 应停止刈割。

（3）产量表现　一般旱地鲜草亩产 2000～4700kg；水浇地亩产 4000kg 以上，种子田种子亩产 40～60kg。水地两茬鲜草平均含粗蛋白 17.03%、粗脂肪 1.65%、粗纤维 33.51%、无氮浸出物 33.02%；旱地两茬平均含粗蛋白 18.00%、粗脂肪 1.47%、粗纤维 32.33%、无氮浸出物 31.60%。

2. 中苜 2 号

中苜 2 号由中国农业科学院北京畜牧兽医研究所育成，成果公布年份 2005 年，项目年度编号：0601220302。

（1）特征特性　该品种根系发达，株型直立，株高 80～110cm，叶片较大。早熟，耐贫瘠，耐盐性好，产草量较高。

（2）栽培要点　条播，播种行距为 25cm，磷肥 31.70kg/hm² （过磷酸钙为 159kg/hm²）、钾肥 86.05kg/hm²（硫酸钾为 172kg/hm²）、氮肥 73.08kg/hm²（尿素为 159kg/hm²）。

（3）产量表现　中苜 2 号干草产量达 12000～18000kg/hm²。

3. 中苜 3 号

中苜 3 号由中国农业科学院北京畜牧兽医研究所选育，2006年经全国牧草品种审定委员会审定，登记为育成品种。

（1）特征特性　中苜 3 号有侧根发达、生长迅速、分枝多，一年可以刈割 4～5 次，侧根株数占总株数的 31.3%。具有高产和早熟、耐盐等特点。适宜在华北地区种植，不仅适应黄淮海平原渤海湾一带以氯化钠为主的盐碱地，而且在内陆盐碱地种植表现也很好。

（2）栽培要点

① 选地与土地整理。苜蓿不宜重茬，要在老苜蓿地建植苜蓿，至少要种植禾谷类作物 1 年后才能再种，最好间隔 2～3 年或更长时间。苜蓿种子小，苗期易受杂草为害。种植前要精细整地，春季要耙平、压实，使地面平整，无坷垃。播种，在黄淮海地区一般可采取秋播或早春顶凌播种。5℃以上时就可播种。播种方式为条播，行距 20～30cm。播量 1.0kg/亩（1 亩＝667m²，下同），包衣种子播量 1.5kg/亩。一般播深为 1～2cm，沙地播深 2～3cm，黏地播深 0.5～1cm。

② 施肥管理。播种当年可将磷肥作为基肥施用，土壤有效磷含量为中等水平时（14～30mg/kg），结合整地，可将 375～750kg/hm² 的过磷酸钙均匀撒施在地表，然后耕翻，使肥料与耕作层土壤充分混匀并整平地表。钾肥每年施用 1 次，第 1 年宜基施，其余年份可在第一次刈割后追施 120～240kg/hm² 硫酸钾。最适宜的刈割时期是在第一朵花出现至 10% 开花期间，提倡在现蕾末期刈割以提高草产品品质。在黄淮海地区一年可收割 4～5 次，第二、三、四茬的刈割间隔时间通常为 30d。

（3）产量表现　耐盐苜蓿新品种中苜 3 号具有耐盐、草产量高、返青早等优点，在黄淮海地区盐碱地，年可刈割 4～5 次，干草产量达 15000～17000kg/hm²，适宜于调制干草、青饲。可在土壤含盐量在 0.3%～0.4% 盐碱地种植。

4. 中苜 4 号

中苜 4 号由中国农业科学院北京畜牧兽医研究所选育，2011年通过全国草品种审定委员会审定，获得新草品种审定证书。

（1）特征特性　株型直立，株高 80～100cm，主根明显，侧根较多，根系发达，叶色绿较深，花紫色和浅紫色。总状花序，荚果螺旋形 2～3 圈，耐盐性好，在 0.3% 的盐碱地上比一般栽培品种增产 10% 以上，耐干旱，也耐贫瘠。

（2）栽培要点 播种前要根据土壤的实际情况施足底肥（一般每亩施入 25～40kg 过磷酸钙），肥土混合均匀，精细整地；黄淮海地区播种时间一般选择在 8 月下旬到 9 月中旬为宜。播种量为 1kg/亩，播种深度为 2cm，行距 30cm，在首次种植苜蓿的地块要进行种子根瘤菌接种。苜蓿在播种当年要注意田间的杂草防除及中耕松土。青刈利用以在株高 30～40cm 时开始为宜，早春掐芽和细嫩期刈割减产明显。收割适宜期是在植株上 1/2～2/3 的荚果由绿色变成黄褐色时进行。种子田应每隔 1～2 年收草一次。

（3）产量表现 中苜 4 号苜蓿干草产量 3 年平均达 1083.7kg/亩，播种第三年干草产量可达 1158.6kg/亩，比对照品种中苜 2 号高出 10%。再生性好，一般一年可刈割 4 茬。一次播种可利用 5～6 年。初花期干物质中粗蛋白质含量达 19.68%。

5. 中苜 5 号

中苜 5 号由中国农业科学院北京畜牧兽医研究所育成，2014年通过了全国草品种审定委员会审定，品种登记号为 463。

（1）特征特性 中苜 5 号为耐盐高产品种，适宜在黄淮海地区种植。

（2）栽培要点 适宜播量为 1.0～1.4kg/亩；返青前施入复合肥 10kg/亩，或磷酸二铵 10kg/每亩。返青期、现蕾期、第一次刈割后各灌水 50～65t/亩。

（3）产量表现 在河北南皮县含盐量为 0.21%～0.35% 的试验地进行三年品系比较试验。结果表明，播种第二年雨养条件下干草产量每亩达 1165kg。初花期粗蛋白为 18.7%。

6. 中苜 6 号

中苜 6 号由中国农业科学院北京畜牧兽医研究所培育，2010 年6 月 12 日通过全国草品种审定委员会审定，获得新草品种审定证书。

（1）特征特性 株型直立紧凑、分枝多且斜生为主，植株较高、枝叶繁茂、长势旺盛、刈割后再生迅速，持久性好。根系发达，茎分枝多，株高 97cm，花紫色或蓝紫色，荚果螺旋形，中熟品种，在北京地区生育期约 110d。营养价值丰富。草质好，饲用营养品质和适口性优良。丰产性能突出。

(2) 栽培要点 采用春播及夏播利于出苗及保苗；返青前施入复合肥 10kg/亩，或磷酸二铵 10kg/亩；返青期、现蕾期、第 1 次刈割后各灌水 50~65t/亩。

(3) 产量表现 在北京可年刈割 4 茬，多年多点的区域试验结果为年均干草产量 1152.8kg/亩。干物质中粗蛋白质含量 18.70%、粗纤维含量 30.62%、粗灰分含量 9.54%、中性洗涤纤维含量 68.84%、酸性洗涤纤维含量 47.40%、粗脂肪含量 1.67%。青刈利用以在株高 30~40cm 时开始为宜，早春掐芽和细嫩期刈割减产明显。调制干草的适宜刈割期，收种适宜期是植株上 1/2~2/3 的荚果由绿色变成黄褐色时。种子田应每隔 1~2 年收草一次。

7. 公农 1 号

公农 1 号紫花苜蓿是由吉林省农业科学院畜牧分院选育。

(1) 特征特性 公农 1 号为半直立型，叶量大。再生性较好，耐寒，生育期 92~110d，病虫害少而轻，适应性广，产草量高。公农 1 号紫花苜蓿生产性能好，抗逆性强，营养价值高，适应性好。在东北及华北地区具有良好的可播种性。

(2) 栽培要点 播种适宜期为 5 月上旬~7 月中旬，播种时采用宽条播，用犁开沟，人工或机械点种，播种量 1.5~2.5kg/hm²，覆土 2cm 左右，重镇压，有利于种子萌发、出蹲苗。为保证苜蓿种子田高产稳产，在播种时施磷酸二铵 150kg/hm²、硫酸钾 50kg/hm²。行距 65cm、播量 3kg/hm²、磷酸二铵施用量 240kg/hm²、硫酸钾施用量 120kg/hm² 为较合理的旱作丰产组合。

(3) 产量表现 公农 1 号苜蓿产干草 12000~15000kg/hm²，种子产量在 625~845kg/hm²。

8. 公农 2 号

公农 2 号紫花苜蓿是吉林省农业科学院选育的品种，1987 年通过国家审定并登记注册。

（1）特征特性 株型为半直立，分枝多。根系发达，主根比公农1号苜蓿粗，侧根少。生育期100d左右。该品种适应性强、丰产性状好、耐寒性强、病虫害少。在年降水200～500mm、最高气温40℃、最低气温39.5℃的地方都能适应。

（2）栽培要点 播种时期为4月中旬到7月末。夏播较为理想，因为正值雨季，温度也较高。湿土浅播，干土深播，并视土类而定。一般播种深度为2～3cm，沙质土为3～4cm，黏土为2cm。播种量215kg/hm^2。条播，行距为40～70cm。施磷酸氢二铵2200kg/hm^2。

（3）产量表现 产干草45000～67500kg/hm^2，3年生比2年生干草产量高出2505kg/hm^2，符合苜蓿三年生是高产的规律。一般年收割利用可达3次。当年草高20cm以上可以开始放牧，30cm以上可青刈喂饲。开花初期可收割调制干草。无论是放牧或青割，都应在9月初停止。

9. 沧州苜蓿

沧州苜蓿为紫花苜蓿的一个地方品种，多年生草本植物，距今已有300多年历史，具有独特的品种特性。1990年国家批准定名为沧州苜蓿。

（1）特征特性 植株斜生型，主根明显，侧根发达，三出复叶，总状花序腋生，花冠浅紫色，荚果螺旋形，种子肾形，千粒重1.71～2.01g。在当地生育期107d左右，属中熟品种。该品种适应性广，寿命长，耐热，较耐盐碱。适宜在河北东南部、山东、河南、山西部分地区栽培。

（2）栽培要点 沧州苜蓿可春播、夏播和秋播。播种前犁地时，施磷酸二铵10～20kg/亩、尿素5～10kg/亩。播量0.8～1kg/亩，行距30cm、播深0.5～1cm，可以使用条播机播种，也可以人工手撒。在气候干旱的地区和季节，播后镇压则可使种子与土壤紧密接触吸收水分，有利于发芽与生根。

（3）产量表现　在自然条件下收两茬草一茬种子，每公顷产干草 15500 ～ 16850kg、种子 225 ～ 285kg。各种氨基酸总量高达12.55％，其中畜禽所必需的 10 种氨基酸的含量高达 6.2％，赖氨酸高达 0.84％。

10. 亮苜 2 号

（1）植物学特征　亮苜 2 号多叶苜蓿茎秆很细，多分枝；5～7个叶片；根系深广；68％花为紫色；种子肾形，千粒重 1.4g。

（2）生物学特性　亮苜 2 号是抗逆性强、持续利用期长、草质优良、产量很高的紫花苜蓿品种，具有如下突出特性：抗寒能力优异，休眠级数 2～3，在有雪覆盖的条件下，能耐受零下 50℃低温。抗旱能力优异，能在降水量 200mm 左右的地区良好生长。再生性能良好，刈割后生长快，每年可刈割 2～4 次。抗病性优秀，对褐斑病、黄萎病、细菌性枯萎病等有很强的抗性。抗虫性优秀，对豆长管蚜和马铃薯叶蝉具有良好的抗性。

（3）主要栽培技术　喜中性或微碱性土壤，适宜我国华北、东北、西北、中原部分地区种植。播前应精细整地，并保持土壤墒情，在贫瘠的土地上，需施入厩肥和磷肥作底肥，最适合 pH7～8的土壤。有灌水条件、土壤墒情好、风沙危害小的地区可春播，春播前必须进行杂草防除。春季干旱的地区可在雨季夏播或秋播。华北、西北地区秋播不得迟于 8 月中旬。条播行距 30～40cm、播深1～2cm，每亩用种 0.8～1.2kg。在干旱季节或每次刈割后，如能适时浇水、施肥，可显著提高苜蓿的产草量和品质。早春播种时，和大麦、小麦等套播可防治杂草的侵害。

（4）产量表现和营养价值　产草量高，全年亩产鲜草 6000～8000kg、干草 1000～2000kg。营养价值高，草质柔嫩，叶量丰富，叶茎比中叶的比重超过 50％，粗蛋白质含量达 24％以上。

11. 淮阴苜蓿

淮阴苜蓿是分布在江苏北部的一个优良地方品种，已有 200 多年栽培历史。

(1) 特征特性 茎直立，少数斜生，叶片较晋南苜蓿、关中苜蓿大，叶面积 $2.74cm^2$，花深紫色，为极早熟品种，适应南方湿热环境条件，较关中苜蓿耐热、耐湿、耐酸，越夏率高达 75.25%，但易受病虫害的侵染。适应地区包括黄淮海平原及其沿海地区、长江中下游地区，并有向南方其他省份推广的前景。

(2) 栽培要点 条播，行距 30cm、播深 $1\sim2cm$，播种量 $1\sim1.5kg/$亩。播前施复合肥（氮：氧化磷：氧化钾＝8：8：9）$300kg/hm^2$ 作基肥。越冬前、返青后、刈割后 3 次共追施尿素（总氮含量 $\geqslant46.2\%$）。生长期间常规田间管理。初花期刈割，留茬 5cm。

(3) 产量表现 淮阴苜蓿表现为生长发育快、再生性好、干物质产量高、越夏率高，为当前我国能良好适应长江流域环境条件的优良苜蓿地方品种。每公顷鲜草产量 $45000\sim65000kg$、种子 $450\sim634kg$。干物质积累早，干物质产量达 $11801.8kg/hm^2$。叶量多，蛋白质、氨基酸丰富，粗纤维含量低。

12. 维多利亚苜蓿

维多利亚（Victoria）苜蓿为引进品种，经中国草品种审定委员会审定登记。

(1) 特征特性 直立改良型半秋眠品种，抗旱、耐热性极强，而抗寒性中等，有广泛的生态适应性。抗逆性强，生态适应广，在我国暖温带和北亚热带地区均可种植，具有持续高产的优点。早春和越夏后恢复生长快，尤其适宜在山东、河南、安徽以南地区推广种植。4 月中旬~5 月生长最快，达 2.47cm，日产草量 8.4kg/亩。

(2) 栽培要点 种子较小，播种前土壤应深耕细作，上虚下实，并清除杂草、施足底肥（有机肥和磷肥），保持土壤平整和墒情，播种后耙平地表或进行适当镇压以利于出苗。春、秋季播种，条播行距 $30\sim40cm$，播种深度 $1.0\sim1.5cm$，播种量 $1.25\sim1.5kg/$亩。可单播，也可与高麦草或多花黑麦草等禾本科牧草混播，建植高产优质的放牧或割草地（苜蓿种子播量约 1kg/亩，禾本科种子播量约 0.8kg/亩）。最适宜的收获期是孕蕾期至初花期，刈割时最好避开阴雨天，刈割留茬高度 5cm；最后一次刈割是在霜冻来临前 30d 左右，留茬高度为 7～8cm。每次刈割后进行适当施肥可显著提高产量和品质，肥料以磷钾肥为主（20～30kg/亩）。对苜蓿的主要病虫害有很强的抗性，在日常管理中只要合理灌溉或排涝、施肥、防除杂草就可避免病害的发生。

（3）产量表现 年产 7 茬草，平均亩产 10000kg 鲜草和 2000kg 干草。干草体外消化率 77.8%、相对饲用价值 180.9、可消化养分 69.8%、粗蛋白质含量 23.5%、酸性洗涤纤维 28.1%、中性洗涤纤维 39.6%。

13. 保定苜蓿

保定苜蓿原材料于 1951 年采集于河北保定，经中国农业科学院北京畜牧兽医研究所多年选育，于 2002 年 12 月通过全国牧草品种审定委员会审定，登记为保定苜蓿新品种。

（1）特征特性 株高 42.2～100.3cm，叶茎比 0.90～0.95。具有较好的丰产性和持久性，并且随着种植生长年限的增加，其丰产性能的优势更加明显，在华北地区是一个有推广价值的优良苜蓿品种。

（2）栽培要点 播种量 10～15kg/hm²，浅开沟条播，播深约 1～2cm、行距 30～50cm。每年浇水 3～4 次，返青水和越冬水是必浇的两次水，其余 1～2 次水，一般根据旱情和刈割后长势而定；不追施肥料；每年中耕除草 3～4 次。

（3）产量表现 干草产量第一年 5844kg/hm²、第二年 13811kg/hm²、第三年 15725kg/hm²。粗蛋白含量 15.8%、粗纤维 32.65%、粗脂肪 2.13%、粗灰分 7.83%。

二、紫花苜蓿的营养特性及其影响因素

1. 紫花苜蓿的营养特性

（1）粗蛋白 紫花苜蓿以粗蛋白质含量高而著称。不同收获时

期的紫花苜蓿营养物质含量差别很大，蛋白质含量最高的时期是在孕蕾期，高达 23%。叶片中蛋白质含量高，初花期干物质含量为 24%～25%，粗蛋白质含量一般为 16%～22%，同时紫花苜蓿含有动物体所需的所有必需氨基酸而且比例均衡，机体利用率高。各氨基酸所占比例为：蛋氨酸 0.32%、赖氨酸 1.06%、缬氨酸 0.94%、苏氨酸 0.86%、苯丙氨酸 1.27%、亮氨酸 1.34%。

孕蕾期紫花苜蓿的粗蛋白质含量是玉米的 2.74 倍，其叶的粗蛋白质含量是玉米的 4.3 倍。苜蓿粗蛋白质含量通常为 15%～22%，主要分布于叶中，其中 30%～50%的蛋白质存在于叶绿体中。苜蓿不仅蛋白质含量高，而且氨基酸组成也比较合理。苜蓿蛋白中含有 20 种以上的氨基酸，包括人和动物全部必需氨基酸及一些稀有氨基酸，如瓜氨酸、刀豆氨酸等，其中所含的 10 种必需氨基酸含量占粗蛋白含量的 41.2%，与优质动物性蛋白饲料鱼粉（45.3%）接近。苜蓿纯蛋白质中的氨基酸组成与鸡蛋较为相似，除蛋氨酸外，其他氨基酸和鸡蛋中的含量基本一致。

（2）碳水化合物 碳水化合物是一类重要的能量营养素，通常分为非结构性和结构性碳水化合物，非结构性碳水化合物存在于植物细胞内，结构性碳水化合物存在于植物细胞壁中，前者通常更易消化。NRC 指出，苜蓿干草的非结构性碳水化合物含量为 12.5%（干物质基础），与禾本科干草（13.6%）接近，高于青贮苜蓿（7.5%），其原因是苜蓿的一部分碳水化合物在青贮过程中被微生物发酵损失掉了。

结构性碳水化合物包括中性洗涤纤维和果胶，中性洗涤纤维是区分植物结构性和非结构性碳水化合物最好的指标。苜蓿干草的中性洗涤纤维含量一般随着成熟期的延长而逐渐增加。初花期刈割的优质苜蓿干草的中性洗涤纤维含量为 45.5%（干物质基础），低于稻草（63.9%）和全株玉米秸秆（84.3%）。近年来研究发现，苜蓿碳水化合物不仅能为反刍动物和一些单胃动物提供能量，而且给动物饲喂一定量的苜蓿纤维，可以促进动物的胃肠道发育，降低肠道 pH 值，提高动物消化酶活性。

(3) 维生素 紫花苜蓿富含多种维生素，以胡萝卜素、叶酸和生物素含量最高，对于动物皮肤的营养和繁殖机能有很大的作用。NRC 标准中每千克紫花苜蓿干草中胡萝卜素含量为 94.60mg、叶酸为 4.36mg、生物素为 0.54mg。维生素苜蓿中富含维生素，特别是叶酸、维生素 K、维生素 E、β-胡萝卜素、维生素 C 及各种 B 族维生素，β-胡萝卜素、叶酸和生物素平均含量分别为 94.6mg/kg、4.36mg/kg 和 0.54mg/kg，且是生物素利用率较高的原料之一。

日光照射、田地生长的紫花苜蓿含 48ng/g 维生素 D_2 和 0.63ng/g 维生素 D_3；实验室内人工控制光照条件下，含 80ng/g 维生素 D_2 和 0.1ng/g 维生素 D_3。畜禽所具有的一些生物活性和苜蓿较高的维生素含量有着密切的关系。苜蓿和苜蓿提取物能够改善动物产品的色泽是和其中含量较高的类胡萝卜素有关。苜蓿提取物改善体色，着色效果优于虾青素。

(4) 矿物质 紫花苜蓿中矿物质元素含量是禾本科植物的 6 倍左右，其中钙 1380mg/kg、镁 2020mg/kg、钾 20.1g/kg、铁 230mg/kg、锰 27mg/kg、锌 16mg/kg、铜 9.8mg/kg。高钙、高钾具有一定的强骨、降血压效果。镁具有提高免疫功能的作用，并参与核酸代谢，维持细胞膜稳定。总之，这些矿质元素促进了动物体的生长发育、提高机体免疫力，是配合日粮中不可缺少的营养成分。

(5) 生物活性物质 紫花苜蓿中含大量生物活性成分，如苜蓿多糖、黄酮、皂苷、香豆素以及未知生长因子等。苜蓿皂苷具有独特的生物活性。苜蓿皂苷是苜蓿产品的次生代谢物质，属五环三萜皂苷，由三萜类同系物的羟基和糖分子环状半缩醛上的羟基失水缩合而成，含量为 2%~3%。苜蓿皂苷在降低血液中的胆固醇、抗动脉粥样硬化、抗菌和抗虫、溶血及抗营养方面具有不同的生理作用，但最主要的是苜蓿皂苷能降低血液中胆固醇和抗动脉粥样硬化。苜蓿多糖是从苜蓿茎、叶中提取的一种植物多糖，由酸溶性碳水化合物构成，包括葡萄糖、甘露糖、鼠李糖和半乳糖等。苜蓿多糖的生物活性主要表现为免疫调节作用，另外还有抗肿瘤、降血脂、降血糖和抗辐射等药理活性。

2. 影响苜蓿草粉营养价值的因素

影响紫花苜蓿质量和营养价值的因素很多，如品种品系、刈割时期、刈割次数、干燥方式、病虫害防治以及土壤肥力等。牧草营养成分的含量是苜蓿品质鉴定的重要指标，营养成分的分析结果可以反映苜蓿营养价值的高低，其中粗蛋白质和粗纤维含量是反映苜蓿营养价值高低的 2 个重要指标。

（1）品种和休眠级 苜蓿的品种不同，其植株高度、产量以及叶子的大小、多少也不同，这些因素直接导致了茎叶比不同，从而影响苜蓿的营养价值。牛小平等比较了 22 个紫花苜蓿品种的营养价值，结果发现：不同苜蓿品种之间的粗蛋白质和粗纤维含量差异均显著，粗蛋白质含量最高和最低的品种相差 7.1%，粗纤维含量相差 8.5%。胡守林等对 12 个紫花苜蓿品种的营养价值进行了分析，结果显示，品种间粗蛋白质、粗纤维含量差异较大。也有研究报道，苜蓿品种不同叶片粗蛋白质含量有所不同，但叶片粗蛋白质总产量无显著差异。

试验研究 6 个秋眠级 18 个紫花苜蓿品种的重要农艺性状表现，结果表明，秋眠级对紫花苜蓿的年鲜草产量、株高等有较大影响，其中秋眠级别为 4 级的紫花苜蓿品种的年鲜草产量极显著高于 5 级品种，显著高于 7 级品种，但与 2、3、8 级品种产量差异不显著。综合考虑，秋眠级为 2、3、4 的紫花苜蓿品种较适合在郑州地区种植，不同茬次对其生长性能有更大的影响，其中第 1 茬的产量和株高最大，其次为第 2、3 茬，第 4、5 茬最低，前 3 茬占全年产量的80% 左右，应加强对前 3 茬的管理（李明凤等，2008）。

（2）收割时期和刈割方式 苜蓿营养成分含量受收割期的影响很大，就粗蛋白而言，随着生长期的延长呈急剧下降趋势，而粗纤维含量随着生长期的延长而急速上升。孙京魁等（2000）研究了不同收割期对苜蓿青干草粗蛋白质和粗纤维含量的影响，结果显示：

始花期刈割的苜蓿粗蛋白含量极显著高于盛花期和结荚期。而粗纤维含量则极显著低于盛花期和结荚期。因此，紫花苜蓿的最佳刈割期为始花期，最迟不能晚于盛花期。用适时刈割的优质苜蓿青干草作为畜禽的饲料，可显著增加其生产力。

刈割是利用紫花苜蓿的关键技术措施之一，刈割方式影响紫花苜蓿生物量和粗蛋白含量。研究发现，在热带和亚热带地区，苜蓿品种（1085）在 45cm 的刈割方式下鲜草产量最高，达到了 $86400kg/hm^2$，且显著高于 30cm 刈割和孕蕾期刈割；不同刈割处理对参试的紫花苜蓿品种产草量和粗蛋白含量分析结果，表明在 45cm 刈割方式下，苜蓿的产草量、粗蛋白含量和粗蛋白产量最高，因此苜蓿生产的最适宜刈割高度是 45cm（谢建磊等，2011）。

（3）干燥方式 牧草的干燥失水方式是影响牧草调制质量的关键因素。紫花苜蓿的干燥方式有很多种，目前在我国生产上使用最多的是自然干燥法。用自然干燥法干燥的苜蓿，叶片及嫩枝极易脱落，而且营养物质的损失也非常大，严重影响紫花苜蓿的营养价值。为此，学者们研究了烘干干燥、机械干燥、化学干燥等人工干燥方法，以提高紫花苜蓿的营养价值。董宽虎（2003）研究显示，机械干燥和烘箱干燥法得到的苜蓿叶粉的粗蛋白含量显著高于自然干燥法；且机械干燥和烘箱干燥法能够有效地保护苜蓿叶粉中的胡萝卜素，而自然晒干造成苜蓿的胡萝卜素损失较大，3 种干燥方法对苜蓿中胡萝卜素含量造成极显著影响。

（4）其他因素 除品种、收割期以及干燥方式外，苜蓿的营养价值还受到病虫害、施肥以及种子处理等因素的影响。病虫害不仅影响植株存活率，同时还严重影响苜蓿的品质。研究表明，褐斑病苜蓿叶片和健叶相比，其粗蛋白质、磷与粗灰分含量明显降低，而粗纤维含量呈增加趋势。王克武研究发现，适当施用硼、锌、钼肥能够提高苜蓿的粗蛋白质含量，其中硼肥的作用最大。研究表明，用 0.05% 四氧化钼溶液浸泡苜蓿种子48h，能够提高苜蓿中的粗蛋白质含量、降低粗纤维含量。

三、紫花苜蓿的利用技术

案例 1

日粮中添加苜蓿草粉对蛋鸡生产性能、蛋品质的影响

(1) 材料与方法 选取 50 周龄海兰白蛋鸡 192 只,随机分为 4 组,每组 48 只,进行饲养试验。对照组饲喂玉米-豆粕型日粮,试验组日粮中分别添加 3%、6%、9% 的苜蓿草粉(表 1-1)。饲养条件为光照时间 15h,光照强度 10Lx,舍内温度 15~24℃。饲养方式采用阶梯式笼养,每架 3 层,自由采食和饮水,预试期 1 周,正试期 6 周,在试验期间测定不同比例的苜蓿粉对蛋鸡生产性能、蛋品质的影响。

表 1-1 不同处理饲料配方及苜蓿草粉添加量

项目	对照组	草粉组		
	0	3%	6%	9%
玉米/%	65.00	65.30	62.00	62.40
豆粕/%	17.00	14.00	13.50	15.70
棉籽粕/%	2.00	3.00	3.00	0.00
菜籽粕/%	2.00	3.00	3.00	0.00
鱼粉/%	1.00	1.00	1.00	2.00
苜蓿粉/%	0.00	3.00	6.00	9.00
麦麸/%	2.40	0.00	0.00	0.00
磷酸氢钙/%	1.40	1.30	1.30	1.20
粗石粉/%	5.80	6.00	5.80	5.80
细石粉/%	3.00	3.00	3.00	3.00
食盐/%	0.40	0.40	0.40	0.40
豆油/%	0.00	0.00	1.00	0.50
合计/%	100.00	100.00	100.00	100.00
代谢能/(MJ/kg)	10.92	10.91	10.96	10.75

项目	对照组	草粉组		
	0	3%	6%	9%
粗蛋白/%	14.68	14.86	14.86	14.75
粗纤维/%	3.01	4.02	4.82	5.13
蛋氨酸/%	0.22	0.23	0.23	0.24
赖氨酸/%	0.75	0.76	0.76	0.77

（2）结果与分析

① 产蛋性能方面：蛋鸡日粮中添加3%的苜蓿草粉明显提高了产蛋率，且料蛋比明显降低，即明显提高了蛋鸡的生产性能，而添加6%的苜蓿草粉则降低了料蛋比而对产蛋率没有明显的影响，同时随着草粉的增加，蛋鸡采食量减少，可能是由于增加了日粮中纤维素的含量，减少了饲料的采食量。因此，就生产性能而言，海兰白蛋鸡产蛋高峰期后期，日粮中添加3%的苜蓿草粉可显著提高蛋鸡的产蛋率，而料蛋比则显著降低，6%的添加比例为最大限度，否则会影响生产性能（表1-2）。

表1-2　苜蓿草粉不同添加比例对蛋鸡生产性能的影响

项目	添加水平/%	产蛋率/%	采食量/(g·d·只)	料蛋比
对照	0	82.29[Cd]	126.2[a]	2.44[Aa]
草粉	3	84.31[ABCbc]	124.0[ab]	2.34[BCbc]
	6	82.99[Ccd]	120.0[b]	2.37[Ab]
	9	77.63[D]	113.8[c]	2.43[Aa]

注：同一列不同小写字母表示差异显著（$P<0.05$），不同大写字母表示差异极显著（$P<0.01$）。

② 对蛋品质的影响。见表1-3。

表1-3　苜蓿草粉不同添加比例对蛋品质的影响

项目	添加水平/%	蛋重/(g·d⁻¹·只⁻¹)	蛋黄指数	蛋壳厚度/cm	胆固醇/mg·g⁻¹
对照	0	62.87[a]	5.38[E]	0.0371[c]	2.81[a]

项目	添加水平 /%	蛋重 /(g·d⁻¹·只⁻¹)	蛋黄指数	蛋壳厚度 /cm	胆固醇 /mg·g⁻¹
草粉	3	62.93^a	9.53^D	0.0377^{bc}	2.34^b
	6	60.95^b	10.3^C	0.0381^{abc}	2.79^a
	9	60.30^b	10.6^{BC}	0.0381^{abc}	2.75

注：同一列不同小写字母表示差异显著（$P<0.05$），不同大写字母表示差异极显著（$P<0.01$）。

从结果中看出，添加苜蓿草粉对蛋黄指数有着明显的影响，三个试验组与对照相比差异极显著（$P<0.01$），且三个试验组之间有显著差异（$P<0.05$）；就蛋壳厚度而言，试验组与对照组差异不显著（$P>0.05$），尽管苜蓿草粉中含有比较丰富的钙、磷，但钙的利用效率较低，所以对蛋壳厚度未产生明显的效果；通过蛋重这一指标看出 3% 组与对照组差异不显著，而 6%、9% 组显著低于对照组（$P<0.05$），其主要原因是后者日粮中的纤维含量比较低。以上结果表明，在蛋鸡日粮中添加苜蓿草粉对蛋品质有明显的提高，尤其是对蛋黄着色效果最为明显，所以苜蓿草粉可以作为一种天然的着色剂添加入饲料中。

③ 对血液指标的影响。见表1-4。

表1-4 苜蓿草粉不同添加比例对血液指标的影响

项目	添加 水平	总胆固醇 （TG） /mmol·L⁻¹	甘油三酯 （CHO） /mmol·L⁻¹	低密度蛋 白（LDL） /mmol·L⁻¹	谷草转氨酶 （GPT） /IU·L⁻¹	谷丙转氨酶 （GOT） /IU·L⁻¹	尿酸（UA） /mmol·L⁻¹
对照	CK(0)	1.7215^a	6.831^{ABC}	0.70^B	151.41^{bcd}	27.37^{ab}	235.42^a
草粉	T1(3%)	1.6956^a	6.797^{ABC}	0.70^B	157.18^a	28.26^a	235.73^a
	T2(6%)	1.6863^a	6.736^C	0.74^B	150.25^{bcd}	29.47^{ab}	237.75^a
	T3(9%)	1.6966^a	7.013^A	0.53^A	148.07^d	24.96^c	236.53^a

注：同一列不同小写字母表示差异显著（$P<0.05$），不同大写字母表示差异极显著（$P<0.01$）。

在日粮中添加不同比例的苜蓿草粉后，血液中总胆固醇、甘油三酯和尿酸的含量与对照组相比差异并不显著，而低密度蛋白3％、6％组与对照组相比差异不显著，9％组与对照组相比差异极显著，表明随着苜蓿草粉添加量的增加，对脂肪代谢和肾功能没有明显的影响。3％组谷草转氨酶显著高于对照组（$P<0.05$），而9％组明显低于对照组。6％与对照组之间差异不显著。就谷丙转氨酶而言，3％、6％、9％组与对照组相比差异不显著，但3％、6％组的草粉组谷丙转氨酶呈上升趋势，9％组则显著低于对照组（$P<0.05$），谷草转氨酶、谷丙转氨酶的活性表明，3％、6％组蛋白代谢比较活跃，而9％组由于添加量过大，影响了蛋白质的代谢，通过产蛋率分析也可以证明这一情况。

（3）结论　在蛋鸡日粮中添加一定量苜蓿草粉代替部分能量、蛋白饲料，效果明显。试验结果表明，添加适当比例的苜蓿草粉，可以明显提高蛋鸡的生产性能，苜蓿草粉的添加比例以3％效果最理想，当添加比例达到6％时，产蛋率有下降的趋势。同时，添加3％～6％的苜蓿草粉能明显提高蛋的品质，促进蛋黄的着色，尤其添加3％的苜蓿草粉能明显降低蛋黄中胆固醇的含量，然而随着苜蓿草粉添加比例增加，会降低日粮中的能量浓度，要配置能量均衡的饲料，将使得饲料成本增加，进而影响经济效益。因此，苜蓿草粉的添加比例应控制在3％～6％之间。

案例 2

添加不同剂量苜蓿草粉对肉仔鸡生长性能的影响（冯焱）

（1）材料与方法　试验以1～7周龄艾维茵商品代肉仔鸡为试验动物，将120只肉仔鸡随机分成4个处理组，每组设3个重复，每个重复10只鸡。其中A为空白组，B、C、D三组分别添加100mg/kg、300mg/kg、500mg/kg 3个剂量的苜蓿草粉，各处理组饲喂相同的基础日粮（见表1-5）。试验各组在同一栋鸡舍进行常规饲养、免疫。7日龄进行新城疫弱毒苗首免，14日龄进行法氏囊苗饮水免疫，21日龄新城疫弱毒苗加强免疫，试验期为7周。鸡舍温度第1周32～35℃，第2周30～32℃，以后每周下降2℃，4周后为自然温度条件下饲养，24h光照。

表1-5　基础日粮配方及营养水平

基础日粮配方	含量		营养成分	水平	
	1～3周龄	4～7周龄		1～3周龄	4～7周龄
玉米/%	56.6	60	代谢能/(MJ/kg)	12.06	12.46
豆粕/%	36	32	粗蛋白*/%	21.6	20.12
豆油/%	3	3.5	钙*/%	0.98	0.96
磷酸氢钙/%	1.8	1.9	总磷*/%	0.68	0.62
石粉/%	1.3	1.3	有效磷/%	0.49	0.42
食盐/%	0.3	0.3	蛋氨酸/%	0.47	0.43
预混料/%	1	1	蛋+胱/%	0.78	0.72
合计/%	100	100	赖氨酸/%	1.15	1.13

注：1.1%预混料中含有的微量元素和维生素添加剂以及胆碱、预混料成分在每千克日粮中含量：Mn 75mg、Zn 75mg、Fe 95mg、Cu 10mg、I 0.6mg、Se 0.3mg、维生素A 10000IU、维生素D_3 2750IU、维生素E 20IU、维生素K_3 2mg、维生素B_1 212μg、核黄素6mg、泛酸12mg、胆碱1000mg。

2. *为实测值，其他为计算值。

（2）结果与分析

① 对体重的影响。见表1-6。

表1-6　添加不同剂量苜蓿草粉对肉仔鸡体重的影响

单位：kg

组别	28日龄	35日龄	42日龄	49日龄
A组	1.06±0.05[a]	1.42±0.07[a]	1.82±0.03	2.26±0.02
B组	1.09±0.07[a]	1.44±0.06[ab]	1.89±0.05	2.27±0.02
C组	1.10±0.02[ab]	1.50±0.03[ab]	1.88±0.04	2.30±0.04
D组	1.24±0.05[b]	1.61±0.06[b]	1.90±0.07	2.37±0.08

注：同一列中，右肩标有相同字母者，差异不显著（$P>0.05$），标有不同字母者，差异显著（$P<0.05$）。

从表 1-6 可以看出，添加苜蓿草粉对 28 和 35 日龄的肉仔鸡体重增加影响明显，其中添加 $500\,\mathrm{mg \cdot kg^{-1}}$（D 组）效果显著（$P < 0.05$）。在 42 和 49 日龄时，添加苜蓿草粉处理组在一定程度上对体重的增加有促进作用，但是这种趋势在逐渐减弱。

② 对日增重的影响。见表 1-7。

表 1-7　添加不同剂量苜蓿草粉对肉仔鸡日增重的影响

单位：%

组别	21～28 日龄	29～35 日龄	36～42 日龄	43～49 日龄
A 组	44.36 ± 0.83^{a}	50.43 ± 1.19	56.74 ± 2.57	59.06 ± 3.28^{a}
B 组	46.57 ± 1.25^{a}	49.35 ± 2.26	59.79 ± 3.19	58.45 ± 3.22^{a}
C 组	51.48 ± 0.95^{ab}	56.47 ± 2.21	60.83 ± 2.74	60.63 ± 2.84^{ab}
D 组	52.13 ± 1.33^{b}	51.49 ± 2.94	62.85 ± 3.17	67.49 ± 2.23^{b}

注：同一列中，右肩标有相同字母者，差异不显著（$P > 0.05$），标有不同字母者，差异显著（$P < 0.05$）。

从表 1-7 可以看出，D 组对日增重的影响分别在 28 和 49 日龄达到了显著水平，对日增重的促进作用较明显。C 组在 28 日龄时，显著促进了肉仔鸡的日增重，其他各时段都不显著，但表现出一定的促进作用。B 组对肉仔鸡的日增重与对照组无显著差异。

③ 对料重比的影响。见表 1-8。

表 1-8　添加不同剂量苜蓿草粉对肉仔鸡料重比的影响

单位：%

组别	21～28 日龄	29～35 日龄	36～42 日龄	43～49 日龄
A 组	1.82 ± 0.07	1.94 ± 0.13^{a}	1.92 ± 0.11^{a}	1.81 ± 0.14^{a}
B 组	1.84 ± 0.11	1.85 ± 0.09^{ab}	1.82 ± 0.10^{ab}	1.80 ± 0.15^{a}
C 组	1.84 ± 0.05	1.81 ± 0.06^{ab}	1.83 ± 0.13^{ab}	1.72 ± 0.37^{b}
D 组	1.76 ± 0.13	1.78 ± 0.12^{b}	1.74 ± 0.09^{b}	1.74 ± 0.10^{b}

注：同一列中，右肩标有相同字母者，差异不显著（$P > 0.05$），标有不同字母者，差异显著（$P < 0.05$）。

从表 1-8 可以看出，添加苜蓿粉对降低料肉比有显著作用，D 组

35～49日龄的肉仔鸡的料肉比与对照组相比有显著的降低作用。B组与C组的料肉比与对照组相比也有所降低，但未达到显著水平。

（3）结论　上述试验表明，添加一定剂量苜蓿草粉对肉仔鸡具有促进生长、降低料肉比的作用。在三个试验组中，D组对肉仔鸡的影响最显著，主要表现在日增重与对照组在一定时期内相比都有显著提高，同时可以显著降低料肉比。B组肉仔鸡的生长性能与对照组相比差异很小。苜蓿草粉处理组对肉仔鸡的有益作用主要发生在试验期的前3周。

案例3

紫花苜蓿草粉对产蛋鸡生产性能、蛋品质及蛋黄颜色的影响

（1）材料与方法　试验所用苜蓿草粉来自河南省郑州市中牟县八岗乡，为初花期苜蓿，经刈割、晾晒、粉碎后按比例加入基础饲粮中。经测定，草粉中营养成分含量为：干物质90.68%、粗蛋白质20.48%、粗脂肪2.85%、粗纤维25.80%、粗灰分7.80%、无氮浸出物33.75%、钙2.08%、磷0.46%。试验选用35周龄健康新罗曼蛋鸡，苜蓿草粉分别添加0、3%、5%、7%，随机分为8组，每组3个重复，每个重复32只鸡。饲粮组成参照罗曼褐壳蛋鸡饲养标准自行配制，各处理组营养成分基本相同（表1-9），每千克预混料中含：维生素A 110000IU、维生素D_3 21000IU、维生素E 20IU、维生素K_3 1.5mg、维生素B_1 2.0mg、维生素B_2 6.5mg、泛酸钙10.0mg、维生素B_5 20.0mg、维生素B_6 5.0mg、生物素0.2mg、叶酸1.4mg、维生素B_{12} 0.008mg、Fe 60.0mg、Cu 10.0mg、Mn 80.0mg、Zn 60.0mg、I 0.55mg、Se 0.25mg。试验鸡在密闭式鸡舍内饲养，每笼4只，每日上、中、下午各喂干粉料1次，自由采食和饮水，人工控制光照，时间16.5h，温度25～34℃，其他各项日常管理措施按鸡场常规管理进行。预试期7d，预试期结束时统计各组采食量、产蛋率、蛋重，经数据统计无显著差异时开始正式试验。正试试验期为60d。

表 1-9 试验饲粮组成及营养成分

组成	处理							
	1	2	3	4	5	6	7	8
玉米/%	58.50	58.60	59.33	59.00	54.70	55.70	56.00	56.72
小麦麸/%	4.20	1.88	0.00	0.00	7.70	4.10	2.40	0.00
豆粕/%	17.70	20.00	18.40	19.10	17.70	18.05	18.60	18.60
棉粕/%	4.10	2.00	2.18	0.00	3.50	3.30	2.50	2.00
菜粕/%	2.00	1.00	1.00	0.00	2.10	1.50	1.00	1.00
鱼粉/%	1.00	1.20	2.00	3.10	1.00	1.20	1.50	1.80
苜蓿草粉/%	0.00	3.00	5.00	7.00	0.00	3.00	5.00	7.00
石粉/%	8.15	8.05	7.97	7.82	8.10	8.05	7.95	7.90
磷酸氢钙/%	1.45	1.40	1.30	1.25	1.50	1.40	1.40	1.35
食盐/%	0.30	0.27	0.22	0.13	0.30	0.30	0.25	0.23
1%预混料	1.00	1.00	1.00	1.00	1.00	1.00	1.00	1.00
代谢能/(MJ/kg)	11.09	11.09	11.09	11.09	11.09	11.09	11.09	11.09
粗蛋白质/%	16.50	16.50	16.50	16.50	16.50	16.50	16.50	16.50
钙/%	3.40	3.40	3.40	3.40	3.40	3.40	3.40	3.40
总磷/%	0.65	0.63	0.65	0.62	0.68	0.65	0.64	0.63
有效磷/%	0.45	0.45	0.45	0.48	0.46	0.45	0.46	0.49
食盐/%	0.38	0.37	0.38	0.38	0.38	0.40	0.37	0.37
赖氨酸/%	0.87	0.90	0.91	0.95	0.87	0.88	0.90	0.91
(蛋氨酸+胱氨酸)/%	0.57	0.57	0.57	0.57	0.57	0.57	0.57	0.57

(2) 结果与分析

① 苜蓿草粉对产蛋率的影响。见表 1-10。

表 1-10 苜蓿草粉对产蛋率的影响

苜蓿水平/%	产蛋率/%				
	1~15d	16~30d	31~45d	46~60d	1~60d
0	80.68±2.83	80.32±2.68	80.45±2.32	80.34±3.65	80.48±1.80
3	81.05±4.36	81.36±3.14	81.24±4.28	81.11±3.44	81.01±2.63

苜蓿水平/%	产蛋率/%				
	1~15d	16~30d	31~45d	46~60d	1~60d
5	82.40±1.78	83.28±1.42	83.56±1.43	83.78±2.63	82.65±0.50
7	81.30±2.66	81.97±1.81	82.36±1.84	82.28±3.94	81.67±1.19

从表1-10看出，各处理组在各阶段的产蛋水平均无显著差异，但添加5%苜蓿组的产蛋率明显高于其他组。

② 苜蓿草粉对生产性能的影响。见表1-11。

表1-11　苜蓿草粉对生产性能的影响

苜蓿水平/%	生产性能		
	采食量/(g/只)	蛋重/(g/只)	料/蛋值
0	130.99±2.54	68.64±1.96	1.91±0.03[a]
3	130.61±1.72	68.48±2.11	1.93±0.07[a]
5	129.13±1.26	70.15±0.83	1.84±0.04[b]
7	130.60±2.49	69.43±0.50	1.87±0.03[ab]

注：同一列中，右肩标有相同字母者，差异不显著（$P>0.05$），标有不同字母者，差异显著（$P<0.05$）。

从表1-11可以看出，各组中蛋鸡采食量和蛋重没有显著差异，而从料/蛋值可以得出饲粮中添加5%和7%的苜蓿草粉较为适宜。

③ 苜蓿草粉对蛋品质和蛋黄颜色的影响。见表1-12和表1-13。

表1-12　苜蓿草粉对蛋品质的影响

苜蓿水平/%	蛋品质				
	蛋形指数	蛋黄指数/%	蛋壳相对重/%	蛋壳厚度/mm	哈夫单位
0	1.30±0.01	46.69±0.26[b]	8.89±0.26	37.49±0.57[b]	83.81±2.83[b]
3	1.29±0.01	48.13±1.24[a]	8.95±0.27	37.89±0.71[b]	87.25±0.56[a]
5	1.28±0.01	46.92±1.29[ab]	8.98±0.35	39.13±0.62[a]	88.96±3.69[a]
7	1.28±0.01	47.39±0.76[ab]	8.89±0.14	38.00±0.74[b]	88.10±1.61[a]

注：同一列中，右肩标有相同字母者，差异不显著（$P>0.05$），标有不同字母者，差异显著（$P<0.05$）。

表 1-13　苜蓿草粉对蛋黄颜色的影响

苜蓿水平/%	蛋黄颜色				
	15d	30d	45d	60d	整个试验期
0	9.83 ± 0.54^{Cb}	9.92 ± 0.88^{Cc}	10.25 ± 0.75^{Cb}	8.25 ± 1.09^{Bb}	9.59 ± 0.46^{Cc}
3	10.58 ± 1.04^{BCb}	10.92 ± 0.76^{BCb}	11.00 ± 0.50^{BCb}	10.58 ± 0.43^{Aa}	10.75 ± 0.40^{Bb}
5	11.75 ± 0.68^{ABa}	12.33 ± 0.29^{Aa}	11.83 ± 0.77^{ABa}	11.00 ± 0.76^{Aa}	11.66 ± 0.46^{Aa}
7	12.42 ± 0.53^{Aa}	12.00 ± 0.53^{ABa}	12.42 ± 0.29^{Aa}	11.58 ± 0.72^{Aa}	12.03 ± 0.20^{Aa}

注：同一列不同小写字母表示差异显著（$P<0.05$），不同大写字母表示差异极显著（$P<0.01$）。

从表 1-12、表 1-13 可以看出，整个试验期，不同水平的苜蓿草粉对蛋形指数、蛋黄指数、蛋壳相对重均无显著影响，但对蛋壳厚度、哈夫单位有显著影响。添加苜蓿草粉后，蛋壳厚度有增加趋势；而在各个阶段及整个试验期，饲喂添加苜蓿草粉的饲粮后，蛋黄颜色均极显著高于不添加组，且随着苜蓿草粉添加量的增加，蛋黄颜色呈上升趋势，且到 30d 时蛋黄颜色达到一个稳定水平。

（3）结论　苜蓿草粉对蛋鸡生产性能有一定的影响，但无显著差异。饲喂苜蓿草粉后可提高蛋壳厚度和蛋壳相对重，可能是因为苜蓿草粉中的钙可溶性好、吸收利用率高，从而改善了蛋壳质量。蛋壳厚度增大，说明在蛋壳形成过程中矿物质的沉积有增加。苜蓿草粉中含有类胡萝卜素高达 $100\sim550mg/kg$，被蛋禽吸收后沉积于蛋黄中，使蛋黄颜色加深，从而提高蛋品质。本试验发现，产蛋鸡饲粮中添加苜蓿草粉后，蛋黄颜色有明显提高。

案例 4

苜蓿草颗粒饲料对鹅屠宰性能、器官和血液生化指标的影响

（1）材料与方法　将紫花苜蓿进行刈割、晒干、粉碎，然后根据饲粮配方，采用 20 型颗粒饲料机组将其制成颗粒饲料进行试验。苜蓿草粉的营养成分如下：干物质 89.68%、粗蛋白 15.70%、粗纤维 33.17%、粗脂肪 1.66%、无氮浸出物 32.17%、粗灰分

6.97％、钙 1.54％、磷 0.20％。

选用 21 日龄、体重相近（出壳时间和体重基本一致）、健康的扬州鹅 300 只，将其随机分为 5 组，分别为对照组、试验Ⅰ组、试验Ⅱ组、试验Ⅲ组和试验Ⅳ组，每组 3 个重复，每个重复 20 只，整个饲养试验期 7 周。前 3 周添加的苜蓿草粉量依次为 0、8％、12％、16％和 20％，而后 4 周添加的苜蓿草粉量依次为 0、12％、16％、20％和 24％。试验鹅采用网上饲养，人工控温、添料，自由采食、饮水，并按常规程序进行免疫接种。饲粮配方及营养水平见表 1-14。测定指标包括屠宰性能指标、器官重量、血液生化指标。

表 1-14　基础日粮组成和营养水平

项目	对照		Ⅰ		Ⅱ		Ⅲ		Ⅳ	
时间	21～42d	43～70d	21～42d	43～70d	21～42d	43～70d	21～42d	43～70d	21～42d	43～70d
组成										
玉米/%	56.22	59.6	61.7	60.77	56.98	55.56	51.9	50.33	46.7	45.1
豆粕/%	23.78	20.4	25.3	21.33	24.72	20.84	24.2	20.37	23.7	19.9
麦麸/%	15	15	0	0	0	0	0	0	0	0
苜蓿草粉/%	0	0	8	12	12	16	16	20	20	24
大豆油/%	0	0	0	0.9	1.3	2.6	2.9	4.3	4.6	6
预混料/%	5	5	5	5	5	5	5	5	5	5
合计/%	100	100	100	100	100	100	100	100	100	100
营养水平										
代谢能/(MJ/kg)	11	11.06	11	11.04	11	11.04	11	11.04	10.99	11.04
粗蛋白/%	17.18	15.98	17.18	15.98	17.18	15.98	17.18	15.98	17.18	15.98
粗纤维/%	3.44	3.33	4.49	5.38	5.5	6.38	6.43	7.38	7.5	8.38
中性洗涤纤维/%	8.2	8.11	12.28	13.37	13.44	14.5	14.58	15.63	15.71	16.76
钙/%	1.03	1.02	1.03	1	1.04	1	1.03	1.02	1.03	1.03
有效磷/%	0.4	0.4	0.4	0.4	0.4	0.4	0.4	0.4	0.41	0.39

（2）结果与分析

① 苜蓿草颗粒饲料对鹅屠宰性能的影响。由表 1-15 可知，在 42 日龄，试验Ⅲ组鹅的宰前活重、屠体重、半净膛重、全净膛重、腿肌重和胸肌重均显著高于其他各组（$P < 0.05$）；试验Ⅲ组的腹脂重显著高于试验Ⅰ、Ⅱ和对照组（$P < 0.05$）；试验Ⅱ组的胫骨重显著高于对照组和试验Ⅰ组（$P < 0.05$）。在 70 日龄，试验Ⅲ组的宰前活重显著高于对照组（$P < 0.05$），而屠体重和腹脂重之间差异不显著；对照组的半净膛重和胫骨重显著低于试验Ⅲ组（$P < 0.05$）；试验Ⅲ组的全净膛重、腿肌重和胸肌重均显著高于对照组和试验Ⅰ组（$P < 0.05$）。

表 1-15　苜蓿草颗粒饲料对鹅屠宰性能的影响

项目	日龄	对照	Ⅰ	Ⅱ	Ⅲ	Ⅳ
宰前活重/kg	42	1.74	1.78	1.8	2.11	1.65
	70	2.95	3.15	3.17	3.32	3.17
屠体重/kg	42	1.59	1.57	1.52	1.89	1.45
	70	2.6	2.78	2.79	2.91	2.78
半净膛重/kg	42	1.36	1.36	1.34	1.6	1.26
	70	2.32	2.54	2.53	2.66	2.54
全净膛重/kg	42	1.1	1.08	1.05	1.33	1
	70	1.99	2.28	2.21	2.37	2.33
腿肌重/g	42	97.65	96.93	103.58	118.2	97.34
	70	110.9	118.53	125.19	137.07	122.95
腹脂重/g	42	21.12	18.36	20.37	26.7	22.3
	70	101.09	98.54	100.78	105.82	104.13
胸肌重/g	42	16.51	13.4	15.79	19.39	14.22
	70	94.77	106.25	96.82	112.55	105.75
胫骨重/g	42	15.21	16.59	19.78	19.16	19.03
	70	18.62	20.62	20.36	20.71	18.5

② 苜蓿草颗粒饲料对鹅器官重量的影响。由表 1-16 可知，在 42 日龄，试验Ⅲ组鹅的心脏重量显著高于试验Ⅰ、Ⅱ和对照组（$P<0.05$），对照组鹅的肝脏和胰腺重量显著低于试验Ⅰ～Ⅱ组（$P<0.05$），试验Ⅱ组鹅的胸腺重量显著高于对照组和试验Ⅳ组（$P<0.05$），试验Ⅲ组脾脏重量最高。在 70 日龄，各试验组鹅心脏重量之间差异不显著，试验Ⅰ～Ⅲ组鹅的肝脏和脾脏重量显著高于对照组（$P<0.05$）；试验Ⅳ组鹅的胰腺重量显著高于试验Ⅱ组（$P<0.05$），而其他各组之间差异不显著；试验Ⅱ和Ⅳ组鹅的胸腺重量显著高于其他各组（$P<0.05$），其中试验Ⅰ组最低。

表 1-16　苜蓿草颗粒饲料对鹅器官重量的影响　单位：g

项目	日龄	对照	Ⅰ	Ⅱ	Ⅲ	Ⅳ
心脏	42	15.54	15.9	16.01	17.8	17.41
	70	27.98	28.95	30.35	25.93	25.51
肝脏	42	59.48	76.82	71.1	74.32	57.2
	70	76.89	96.18	95.56	91.53	80.43
胰腺	42	8	9.3	9.24	9.38	8.54
	70	10.43	10.54	9.59	10.62	11.37
胸腺	42	3.7	3.9	4.29	3.92	2.83
	70	3.31	3.25	4.97	4.22	4.91
脾脏	42	2.85	3.19	3.2	3.31	2.89
	70	3.44	5.54	4.95	5.53	5.14

③ 苜蓿草颗粒饲料对鹅血液生化指标的影响。由表 1-17 可知，在 42 日龄，试验Ⅱ组的血清 TG 含量最高，而其他试验组则显著低于对照组（$P<0.05$）；试验Ⅰ～Ⅳ组鹅血清的 TC 和 LDL 含量均显著低于对照组（$P<0.05$）；试验Ⅰ～Ⅳ组鹅血清的 HDL 含量显著高于对照组（$P<0.05$），其中试验Ⅳ组最高。在 70 日龄，各组鹅的血清 TG 含量差异不显著；试验Ⅳ组鹅血清的 TC 和 HDL 含量显著高于对照组和试验Ⅱ和Ⅲ组，其中对照组最低，而

对照组鹅血清的 LDL 含量最高。

表 1-17　苜蓿草颗粒饲料对鹅血液生化指标的影响

单位：mmol/L

项目	日龄	对照	I	II	III	IV
甘油三酯	42	2.07	1.93	2.16	1.97	1.92
	70	2.31	2.33	2.28	2.19	2.27
胆固醇	42	5.53	5.05	5	4.99	4.76
	70	5.36	6.18	5.5	6.01	6.43
高密度脂蛋白	42	1.72	2.06	1.83	1.98	2.15
	70	2.04	2.18	2.23	2.19	2.43
低密度脂蛋白	42	1.78	1.58	1.34	1.43	1.39
	70	1.66	1.55	1.51	1.64	1.58

（3）结论　苜蓿草粉颗粒饲料能够提高扬州鹅屠宰性能，促进器官发育和改善血液生化指标。从本试验结果来看，21～42 日龄，苜蓿草粉添加 16％为宜；43～70 日龄，苜蓿草粉添加 20％为宜。

第二节　车轴草

一、优质车轴草品种

车轴草，又名三叶草。车轴草属共有 300 多种，大多数为野生种。目前栽培较多的为白车轴草、红车轴草、杂车轴草、绛车轴草和地车轴草。

1. 白车轴草

白车轴草为豆科车轴草属短期多年生草本植物。原产欧洲，广泛分布于温带及亚热带高海拔地区。我国云南、贵州、四川、湖南、湖北、新疆等地都有野生分布，长江以南各省有大面积栽培。

(1) 特征特性 白车轴草是多年生豆科草本植物，生长期达 5 年，高 10～60cm。主根短，侧根和须根发达。茎匍匐蔓生，上部稍上升，节上生根，全株无毛。掌状三出复叶；托叶卵状披针形，膜质，基部抱茎成鞘状，离生部分锐尖；叶柄较长，长 10～30cm；小叶倒卵形至近圆形，长 8～20(～30)mm，宽 8～16(～25)mm，先端凹头至钝圆，基部楔形渐窄至小叶柄，中脉在下面隆起，侧脉约 13 对，与中脉作 50°角展开，两面均隆起，近叶边分叉并伸达锯齿齿尖；小叶柄长 1.5mm，微被柔毛。千粒重 0.5～0.7g。

花序球形，顶生，直径 15～40mm；总花梗甚长，比叶柄长近 1 倍，具花 20～50(～80)朵，密集；无总苞；苞片披针形，膜质，锥尖；花长 7～12mm；花梗比花萼稍长或等长，开花立即下垂；萼钟形，具脉纹 10 条，萼齿 5，披针形，稍不等长，短于萼筒，萼喉开张，无毛；花冠白色、乳黄色或淡红色，具香气。旗瓣椭圆形，比翼瓣和龙骨瓣长近 1 倍，龙骨瓣比翼瓣稍短；子房线状长圆形，花柱比子房略长，胚珠 3～4 粒。荚果长圆形；种子通常 3 粒。种子阔卵形。花果期 5～10 月。

白车轴草喜温凉湿润气候，具匍匐茎，蔓延快，耐热，但根系较浅，对干旱敏感。生长最适温度为 19～24℃，适应性较其他车轴草广。耐热耐寒性比红车轴草、杂车轴草强，也耐荫，在部分遮阴的条件下生长良好。为簇生草坪草，靠匍匐茎蔓延。对土壤要求不严，耐贫瘠，耐酸，最适排水量好、富含钙质及腐殖质的黏质土壤，不耐盐碱。

(2) 栽培要点 土壤与耕作，白车轴草抗逆性强，适应性广，对土壤要求不严，只要在降水充足、气候湿润、排水良好、不是强盐碱的各种土壤中都能正常生长，甚至在园林下也能种植。白车轴草种子细小，幼苗纤细出土力弱，苗期生长极其缓慢。为保全苗，整地务必精细，不论春播或秋播，都要提前整地，先浅翻灭茬，清除杂物，蓄水保墒，隔 10～15d 再行深翻耙地，整平地面，使土块细碎，播层土壤疏松，以待播种。

白车轴草种子硬实率较高，播种前要用机械方法擦伤种皮，或用浓硫酸浸泡腐蚀种皮等方法，进行种子处理后再播。硫酸浸泡方法是：浸泡 20～30min，捞出用清水冲洗干净，晾干播种。种子田每亩播种 0.2～0.25kg。人工草地每亩播种 0.4～0.5kg，湿润地区播种量要小，干旱地区播种量要大。播种深度 1～2cm。播种过深不易出苗，要根据土壤质地和干湿情况适度掌握。播种期以春、夏、秋三季均可，但较高寒地区，以春、夏两季播种为好，如进行秋播，则应早播，可使幼苗有 1 月以上的生长时间，以利越冬。

可以单播，也可以混播，可以条播，也可以撒播。种子田须单播、条播，行距 40～50cm；人工草地单播或混播，可以条播也可以撒播，条播行距 20～30cm；混播适宜的禾本科和豆科牧草较多，协调性最好的有鸡脚草、草地狐茅、草地羊茅、多年生黑麦草，其次是牛尾草、猫尾草、红车轴草等。与禾本科牧草混播比例，白车轴草占 40%～50%；与红车轴草混播，白车轴草占 50%～60%。不适宜与地三叶、紫花苜蓿等含雌激素（香豆雌醇）的牧草混播，以防牛羊长期采食引起繁殖障碍。

播种后出苗前，若遇土壤板结时，要及时耙耱，破除板结层，以利出苗。苗期生长慢，为防杂草危害，要中耕松土除草 1～2 次；发现害虫要及时防治。生长 2 年以上的草地，土层紧实，透气性差，在春、秋两季返青前和放牧刈割后的再生前，要进行耙地松土，并结合松土追肥，每亩施过磷酸钙 20～25kg 或磷二氨 5～8kg，以利新芽新根生长发育。白车轴草对土壤水分要求较高，有灌溉条件的，在土壤干旱时或结合追肥进行灌溉。

混播草地，因牧草前后期生长速度不同，出现争光、争水、争肥不协调生长时，或因偏施氮肥，使白车轴草生长受到抑制时，应通过偏施磷钾肥，借刈割或放牧来调整生长，控制禾本科牧草生长，避免白车轴草受抑制或从混播草地中消失。常见的病害主要有菌核病和病毒浸染。防治方法：首先将植株拔起，并集中处理，以减少蔓延。多雨季节注意排水，避免草地积水，减少发病条件。

(3) 产量表现 本种为优良牧草，含丰富的蛋白质和矿物质。开花前，鲜草含粗蛋白质 5.1%、粗脂肪 0.6%、粗纤维 2.8%、无氮浸出物 9.2%、灰分 2.1%。产量虽不如红车轴草，但适口性好，营养价值也较高。白车轴草花期长达 2 个月之久，种子成熟很不一致，应分期多次采种，或在 60%～70% 花序变为深褐色时一次收割。种子脱粒比较困难，要充分晒干，进行碾压或用专用脱粒器械脱粒；种子清选后，贮存在通风干燥处，并注意防潮防鼠。

人工草地的利用年限，因管理利用及目的的不同而长短不一，一般为 3～7 年。用作刈割利用的适宜生育期为初花期至盛花期，留茬高度 2～3cm，以利再生，混播草地还应视其他牧草适宜刈割期而定。用于放牧利用的，要在分枝盛期至孕蕾期，或草层高度达 20cm 时开始、5～8cm 时结束放牧，放牧不宜过重，免损生机；每次放牧后，应停牧 2～3 周，以利再生；放牧牛、羊时不要在雨后和有露水时进行，以免发生臌胀病。在晒制青干草时，干燥后及时堆垛贮存，避免雨淋。

2. 红车轴草

红车轴草，多年生草本，分布于江苏、东北、河北、华东及西南。

(1) 特征特性 茎直立或斜升，圆而有凹凸纵纹，高 60～100cm。小叶上有浅白色 V 形斑纹，叶面有毛，全缘。头状花序，着花 100 朵以上，红紫色，自花不结实。荚果倒卵形，果皮膜质，每荚含种子 1 粒。种子肾形或近三角形，黄褐色，千粒重约 1.5g。喜湿润温暖气候，较耐旱、耐寒。适宜在排水良好、富含钙质的黏性土壤生长。生长周期一般为 2～6 年，在温暖条件下，常缩短为 2 年生或 1 年生。

(2) 栽培要点 红车轴草种子细小，要求整地精细。整地时施入基肥，每亩施厩肥 2500kg 左右，并结合施磷肥每亩 20～25kg，以利于提高红车轴草的固氮能力。酸性土壤在整地时适当施用石灰，调整 pH 值到 6，有利于根瘤形成。红车轴草为长日照作物，日照 14h 以上才能开花结实。用作牲畜饲草栽培时，一般同禾本科牧草混播；用作绿肥或饲料时常单独栽培。秋播期 9～10 月，如播种过迟，当年植株矮小，不利于越冬，影响次年产量。春播，播种期 4～5 月。条播，行距 20～40cm，深 1.5cm 左右，播种量一般每亩 1kg；撒播每亩播种量 2kg。但是，播种量的多少还应根据种子发芽率的高低和纯净度加以适当调整，发芽率低的应加大播种量。豆科种子硬实率较高，当年收的种子硬实率为 15%～20%，因而在播种前需进行种子处理。为使管理方便，采用条播方式为好，行距 30cm 左右，留种地行距要适当加宽。

（3）产量表现 一年可收割 5～6 次，鲜草亩产可达 7117.7kg，折合亩产粗蛋白质 264.5kg。在水肥充足、管理良好的条件下，产量可更高。红车轴草开花期不一致，因而种子成熟也不整齐，当花序 80% 左右变成褐色、花梗干枯、种子变硬、花序易脱落时为种子收获适期。根据贵州省畜牧兽医研究所 1983 年试验，在 1.55 亩土地面积上收种 31.6kg，折合亩产红车轴草种子 20.4kg。第二茬种子产量较高。鲜草约含粗蛋白质 4.1%、粗脂肪 1.1%、粗纤维 7.7%、无氮浸出物 12.4%、灰分 2.0%。红车轴草质地柔嫩，适口性好，各种家畜喜食，干物质消化率 61%～70%。

3. 绛车轴草

绛车轴草，蝶形花科车轴草属植物。原产欧洲地中海沿岸，我国引种栽培。为一种适应性强的优良牧草，在我国有推广前途。

（1）特征特性 一年生或越年生草本。茎圆而中空，高 30～100cm。主根深入土层达 50cm。茎直立或上升，粗壮，被长柔毛，具纵棱。掌状三出复叶；托叶椭圆形，膜质，大部分与叶柄合生，每侧具脉纹 3～5 条，先端离生部分卵状三角形或圆形，被毛；茎下部的叶柄甚长，上部的较短，被长柔毛；小叶阔倒卵形至近圆形，长 1.5～3.5cm，纸质，先端钝，有时微凹，基部阔楔形，渐窄至小叶柄，边缘具波状钝齿，两面疏生长柔毛，侧脉 5～10 对，与中脉作 40°～50°角展开，中部分叉，纤细，不明显。具有成熟早、鲜草产量和种子产量较高、抗寒性较强、干物质含量较高等优点，是车轴草属中被广泛用作绿肥或饲料作物的一个栽培种。

（2）栽培要点　绛车轴草从 9 月中旬至 10 月上旬，播期越早，产种、产草量越高，产量与播期推迟天数呈负相关。播量，每亩 2～3kg。稻田套种绛车轴草，常因稻田有水层，而使附着于种子的菌剂产生不同程度的分散，造成种子周围菌数减少。同时土壤水分饱和，根系生长发育不良，根瘤菌活力低，也会降低侵染结瘤能力。因此，应采取"浸种接菌，湿润播种"的办法，即先浸种 12h，使其吸足水分，然后接种根瘤菌，将稻田水排干，套播在田面湿润状态的稻田里。

（3）产量表现　平均亩产鲜草 6972.4～8125.7kg、种子为 97.4～126.9kg。花蕾期鲜草含粗蛋白质 3.0%、粗脂肪 0.60%、粗纤维 4.7%、无氮浸出物 7.4%、灰分 1.7%。可用作牧草、地面覆盖植被或绿肥，也可作填闲作物。

4. 杂车轴草

杂车轴草原产于欧洲，现广泛分布于欧洲中部、北部。适宜我国华北、华中等湿润地区种植，也可在南方高海拔、雨量多的地方栽培。

（1）特征特性　寿命 4～6 年，生长习性与红车轴草相似，形态介于红车轴草和白车轴草之间，是车轴草属的一个种。直根系，主根穿透力强，侧根发达，并且耐寒力强，即使经过非常寒冷的冬季其碳水化合物也不会流失。茎光滑，高 60～150cm。分枝横向生长，分枝力强，一般 10～20 条，多者 30 条，生长习性为主轴无限生长，即使在花期腋芽也不断分枝。叶冠丰满，叶丰富；三出掌状复叶，小叶卵形或倒卵形，叶面有灰白"V"形斑纹；整个生长季都开花，总状花序，花朵为粉红色或白色，花冠约 1cm。种子小，颜色为黄绿混色，千粒重 0.7～0.8g。

杂车轴草喜温凉湿润气候，适宜在温带和寒温带、年降水量 600mm 以上的地区生长，最适生长温度 19～24℃。抗寒能力较红车轴草和白车轴草强，在冷而潮湿的条件下，产草量比红车轴草和白车轴草要高，但不耐炎热和干旱。喜水分，在地下水位很高（40～50cm）和低洼积水处也能良好生长，能耐受短期水淹。对土壤要求不严，耐贫瘠，耐酸（pH4.0～5.0）、碱性土壤，在湿润的黏壤土、沙壤土、黏土上都可以生长，但耐盐能力弱（0.1％～0.4％）。

（2）栽培要点　杂车轴草种子细小，播前应精细整地，用车轴草根瘤菌拌种。可春播或秋播，南方以秋播为宜，北方宜春播。条播 20～30cm，播种量 0.8～1.0g/亩，覆土 1.5～2.0cm。撒播要适当增加播量。苗期生长缓慢，应注意中耕除草。杂车轴草不耐旱，必须注意适时适量地灌溉。杂车轴草利用年限长，适合与红车轴草、猫尾草混播建立人工草地。播种当年生长发育迅速，可形成较高草丛并能成熟。春季长势好，秋季猛长，冬季生长缓慢。刈割后再生能力弱，放牧利用后生长较快。在中等水平养护条件下利用年限可长达 8 年。抗病虫害能力也较强，管理较粗放。此外，杂车轴草发达的根系和其较强的适应性，使其成为我国华中、华东等地区用于水土保持的理想材料，同时也成为城市及庭院绿化的理想植物。

（3）产量表现　杂车轴草常与猫尾草混播，建植当年干物质产量可达 5.6t/hm²，到第三年时，混播草地产量降至 4.5～5.5t/hm²，低于同时期红车轴草与猫尾草混播草地。开花期干物质中粗蛋白含量为 21.1％、粗纤维 26.4％，总体营养价值略优于相同生长时间的红车轴草。适口性好，家畜大量采食时易患膨胀病。

二、车轴草的营养特性及其影响因素

1. 不同车轴草品种的产量及营养价值差异

白车轴草营养价值高，富含蛋白质，比其他豆科牧草的纤维素含量高，并能改善土壤结构，提高肥力。另外车轴草既能种子繁殖，又可无性繁殖，有较长的匍匐茎，节上生根，再生力强，耐践踏，适度过牧后还能促进分枝再生，因此在人工草地建植或天然草场补播中也具有重要作用。

（1）红车轴草与白车轴草产量比较 研究发现，加拿大普通红车轴草、海发白车轴草、海发车轴草、瑞文德白车轴草的鲜草平均产量为 19007.10kg/hm²，其中加拿大普通红车轴草的鲜草产量最高（25262.70kg/hm²），其次为海发白车轴草和瑞文德白车轴草，海发车轴草的鲜草产量最低（只有 14847.45kg/hm²），比平均产量低 22.05%，各车轴草品种的鲜草产量差异没有达到显著水平。不同车轴草品种的干草产量同样是加拿大普通红车轴草最高（4722.00kg/hm²），海发车轴草最低（只有 2618.55kg/hm²）。海发白车轴草的鲜干比值最大，为 5.65；瑞文德白车轴草的鲜干比值最小，为 5.20（李雄，2015）。

（2）不同车轴草品种的营养成分差异 4 个不同车轴草供试品种的鲜草平均水分含量为 81.78%，干物质的粗灰分、粗蛋白质与粗纤维的平均含量分别为 9.91%、23.62% 与 16.45%。其中除了海发车轴草的粗纤维含量超过 17% 外，其余 3 个车轴草品种的粗纤维含量均小于 17%。各车轴草品种的各种营养成分中，钙含量的变异系数值（12.43）最大，水分含量的变异系数（1.06）最小。表明不同车轴草品种钙含量的品种间遗传差异较大，因此，在选用不同车轴草品种作为牧草品种在湖南地区应用时，应注意对其钙含量的选择（李雄，2015）。

4 个不同车轴草品种的饲用价值存在明显的品种间差异。加拿大普通红车轴草无论是鲜草产量，还是其营养价值，均表现最好。海发白车轴草与瑞文德白车轴草制成的草粉质量均达到了一级，即粗蛋白≥22%、粗纤维＜17%、粗灰分＜12%。海发车轴草除了粗纤维含量高于一级标准外，粗蛋白含量和粗灰分含量都达到一级标准。

2. 氮磷钾比例对白车轴草营养价值的影响

（1）产草量 氮磷钾不同配方条件下，白车轴草的产量存在明显差异。供试土壤的全氮、全磷、全钾含量分别为 1.88g/kg、2.92g/kg、17.86g/kg；碱解氮为 207mg/kg，有效磷为 11.27mg/kg，速效钾与缓效钾分别为 399mg/kg、480mg/kg；土壤有机质为 35.61g/kg，pH 为 5.07。无论是从第一次刈割、第二次刈割或总产来看，氮、磷、钾依次为 4.0mg/kg、9.0mg/kg、7.0mg/kg 的处理配方产草量最高，说明在肥料配方中单独增加磷素养分或钾素养分的比例对白车轴草的产量产生明显的促进作用；但单纯减少氮素养分的比例时，白车轴草的产量明显下降。

（2）营养成分含量 在肥料配方中均衡氮、磷、钾养分的比例，或单独提高磷素养分的比例，可明显改善白车轴草的粗纤维品质。在肥料配方中减少氮素养分的比例或单独提高磷素养分的比例，不会提高白车轴草的粗灰分含量而影响其品质。在肥料配方中单独提高钾素养分的比例不利于提高白车轴草无氮浸出物品质，但单独提高磷素养分的比例却能明显改善其品质。综合比较各肥料配方对白车轴草产草量及其各品质要素的影响，适度提高磷素养分比例的肥料配方，即 N∶P∶K＝4∶11∶5，最有利于白车轴草产量及品质的提高（尹日初，2008）。

3. 车轴草的生理活性物质及其功能

（1）红车轴草硒含量及其生理功能 硒是动物必需的微量元素之一，具有抗氧化、增强机体免疫调节能力、影响动物的生长性能等重要生物学功能。富硒红车轴草最佳刈割期地上部分植株粗蛋白含量为 19.15%，极显著高于普通红车轴草中的粗蛋白含量；硒含量高达 12.064mg/kg，其中有机硒占总硒含量的 85.73%。富硒红车轴草在其最佳刈割期的有机硒主要以蛋白硒形态存在，占总硒含量的 57.13%，其次为多糖硒和核酸硒，分别占总硒的 16.43% 和 9.80%，约有 2.37% 的小分子有机硒。多糖硒含量比核酸硒高，可能与红车轴草中的糖含量较高有关。据报道，红车轴草糖含量可高达 24.4%。富硒红车轴草水溶性总糖含量占 20.08%。可见，富硒红车轴草的营养和药理价值比普通红车轴草更高，是极具开发潜力和应用价值的植物有机硒源。

富硒红车轴草的生理功能主要表现在：0.1～0.3mg/kg硒添加水平的富硒红车轴草和亚硒酸钠均能优化小鼠一般体征和显著提高小鼠生长性能，且前者效果优于后者。从提高生长性能和饲料转化率角度出发，0.3mg/kg硒添加水平为富硒红车轴草最佳水平。适宜硒添加水平的富硒红车轴草和亚硒酸钠能显著提高小鼠血清和肝组织中谷胱甘肽-过氧化物酶和超氧化物歧化酶活性，降低血清和肝组织中丙二醛含量，表现出较强的抗氧化作用。0.3mg/kg硒添加水平为富硒红车轴草发挥抗氧化作用最佳水平。

（2）富硒红车轴草体外抑菌效果 富硒红车轴草对猪大肠杆菌和沙门菌的最低抑菌浓度分别为0.7%和0.5%，普通红车轴草分别为1.0%和0.7%，说明红车轴草富硒后能增强对仔猪腹泻主要致病菌株的抑制作用（曾分有，2007）。但是，中草药试验存在体外体内抑菌效果的不一致性。

（3）红车轴草异黄酮的含量及其抗氧化功能 自20世纪50年代开始，人们对红车轴草植株的化学成分进行了大量的研究，已分离鉴定了异黄酮、黄酮、蛋白质、氨基酸、糖类、挥发油和维生素等多类化合物，但最受关注的是黄酮类物质。其中，具有植物雌激素之称的异黄酮类格外受人关注。异黄酮是一种广泛存在于植物界的一大类化合物。目前，植物中已知的异黄酮有700余种，主要存在于大豆、红车轴草、苜蓿等豆科植物，尤以红车轴草中的含量最高。从20世纪50年代以来，先后从红车轴草植株中分离到许多异黄酮类物质，其中，以鹰嘴豆芽素A、芒柄花素、染料木素、大豆苷元4种为主。

红车轴草生长的各个时期异黄酮含量均以叶片中最高，花次之，然后是根、茎、叶柄和托叶。红车轴草总异黄酮含量占干物质含量的0.5%～3.5%。曾分有（2007）研究发现，富硒红车轴草和普通红车轴草中总异黄酮含量分别为2.14%和1.78%，前者比后者总异黄酮含量提高了20.22%，差异显著。红车轴草异黄酮具有抗脂质氧化、清除自由基、抗氧化酶活性以及雌激素样作用和抗雌激素作用。红车轴草异黄酮可以抑制膜质过氧化。异黄酮能保护DNA不被氧化破坏，有效消除紫外线引起的DNA损伤。异黄酮还能抑制小鼠肝组织匀浆液中脂质的过氧化作用，防止维生素E的氧化。姜义宝等通过在饲料中添加红车轴草异黄酮，研究其对肉鸡免疫器官、免疫球蛋白及抗氧化性能的影响，发现红车轴草异黄酮提高了血清中谷胱甘肽过氧化物酶活性，降低了丙二醛含量，能够明显改善肉鸡生产性能、调节免疫和提高机体的抗氧化性。

（4）红车轴草异黄酮的雌激素样作用　红车轴草异黄酮为植物雌激素，结构与人体雌激素类似，可与雌激素接受器相互作用。专家认为，可能是由于异黄酮的双羟基酚式结构与动物体内雌激素己烯雌酚和雌二醇结构相似，故能选择性地与雌激素受体结合发挥雌激素样作用。

此外，香豆雌酚也具有雌激素样作用。人体补充红车轴草异黄酮可以预防和治疗激素分泌失调导致的一系列相关疾病。异黄酮和雌二醇可用来抑制或预防妇女由于内源性雌激素减少而引起或加重的疾病，如骨质疏松、认知功能丧失、体重增加、身体脂肪量增加、血管收缩症状等。另据报道，异黄酮植物雌激素也被认为是一种特殊的营养物质并对家畜的生产性能可能存在潜在的影响，即能够替代抗生素和相关激素等生长促进剂，而成为养殖业研究的一个热点。

三、车轴草的利用技术

案例1
红三叶草异黄酮对肉鸡生长性能的影响

（1）材料与方法　试验所用的基础日粮为海城金康畜牧有限公司提供的肉鸡料，饲粮组成及养分指标见表1-18。试验选用艾维茵商品代肉鸡200只，公母混养，随机分为5组，即对照组与4个试验组，每组 40 只，每组设 4 个重复，每个重复 10 只鸡。对照组喂基础日粮，试验 Ⅰ 组喂基础日粮＋红车轴草异黄酮 5mg/kg，试验 Ⅱ 组喂基础日粮＋红车轴草异黄酮 10mg/kg，试验 Ⅲ 组喂基础日粮＋红车轴草异黄酮 20mg/kg，试验 Ⅳ 组喂基础日粮＋红车轴草异黄酮 30mg/kg（红车轴草异黄酮提取物的实际添加量按其纯度折算）。试验分两阶段进行，前期 0～28 日龄，后期 29～49 日龄，试验共 49d。每周开始时清晨对各个处理组空腹称重并记录采食量，计算平均增重、平均日采食量和料重比。观察鸡群健康状况。49 日龄时从每个处理组各个重复中随机取已停饲 12h 以上的空腹鸡，公母各 1 只，颈部采血后离心制备血清，置 -20℃冰箱中保存，以备检测血清 T3、T4、尿素氮、碱性磷酸酶。

表 1-18　试验饲粮配方

配方	0～3 周	4～6 周	7 周～
玉米/%	61	60	65
豆粕/%	31	18.5	12
玉米胚芽饼/%	—	5	4.2
DDGS-糟及可溶物/%	2	5	5
猪油/%	—	3	5
水解羽毛粉/%	—	2.5	3
莲花菌体蛋白/%	—	2.5	2.5
玉米蛋白粉/%	1.5	—	—
磷酸氢钙/%	1.5	0.65	0.5
石粉/%	1	1.3	1.3
大豆油/%	0.5	—	—
腐殖酸钠/%	0.5	—	—
盐/%	0.26	0.18	0.15
碳酸氢钠/%	0.21	0.12	0.15
预混料/%	0.5	0.51	0.501
蛋氨酸/%	0.14	0.2	0.2
赖氨酸/%		0.5	0.57

（2）结果与分析

① 对肉鸡生长性能的影响。见表1-19。

表1-19　红车轴草异黄酮对肉鸡平均体增重和平均日采食量的影响

组别	平均体增重/kg			平均日采食量/(g/d)		
	0～28d	29～49d	0～49d	0～28d	29～49d	0～49d
对照组	1.05±0.22	0.97±0.03^b	1.02±0.05^b	61.65±4.35	122.27±8.04	87.63±4.10
Ⅰ	1.11±0.59	1.07±0.03^a	1.09±0.03^a	63.12±2.76	128.50±3.37	91.33±4.79
Ⅱ	1.09±0.07	1.05±0.04^{ab}	1.07±0.04^{ab}	62.26±3.40	123.73±7.38	88.60±6.59
Ⅲ	1.12±0.08	1.06±0.07^a	1.09±0.08^a	66.10±6.18	125.53±1.82	91.59±7.87
Ⅳ	1.11±0.09	0.98±0.02^{ab}	1.05±0.08^{ab}	64.14±2.87	124.801±4.00	91.99±3.69

注：同一列中，右肩标有相同字母者，差异不显著（$P>0.05$），标有不同字母者，差异显著（$P<0.05$）。

由表1-19可见，试验前期、试验后期和整体0～49日龄试验阶段，各试验组平均日采食量与对照组相比都略有增加，除29～49d平均体增重差异显著（$P<0.05$）外，其他均不显著（$P>0.1$）。

由表1-20可见，整个试验阶段，料重比各试验组与对照组相比均未达到显著水平，但试验Ⅰ～Ⅲ组的料重比较对照组相比分别降低了4.13%、5.27%和4.66%。随着添加剂量的进一步加大，试验Ⅳ组的料重比反而较对照组提高1.14%。

表1-20　红车轴草异黄酮对肉鸡料重比的影响

组别	料重比		
	0～28d	29～49d	0～49d
对照组	1.64±0.11	2.64±0.16	2.19±0.08
Ⅰ	1.60±0.09	2.53±0.13	2.11±0.03
Ⅱ	1.62±0.14	2.50±0.21	2.09±0.09
Ⅲ	1.67±0.12	2.51±0.18	2.13±0.12
Ⅳ	1.67±0.19	2.67±0.10	2.19±0.07

② 红车轴草异黄酮对肉鸡血清生长指标的影响。见表1-21。

表 1-21　红车轴草异黄酮对肉鸡血清生长指标的影响

组别	性别	T3 /ng·mL^{-1}	T4 /ng·mL^{-1}	尿素氮 /mmol·L^{-1}	碱性磷酸酶 /U·L^{-1}
对照组	♂	2.06±0.15^{ABab}	38.52±1.25^{Bc}	0.56±0.19^{Aa}	1207.35±210.80^{Bc}
	♀	1.61±0.22^{ab}	49.66±4.70^{a}	0.38±0.04^{a}	1429.97±457.90^{a}
Ⅰ	♂	2.01±0.02^{ABab}	48.69±3.55^{Aa}	0.47±0.13^{ABa}	2004.15±213.27^{Aa}
	♀	1.82±0.15^{a}	46.04±4.35^{a}	0.31±0.25^{a}	1678.58±543.26^{a}
Ⅱ	♂	2.03±0.19^{ABab}	47.11±1.06^{Aab}	0.39±0.01^{ABab}	1911.18±377.57^{ABab}
	♀	1.48±0.25^{b}	45.98±2.44^{a}	0.38±0.15^{a}	1700.07±619.03^{a}
Ⅲ	♂	2.41±0.12^{Aa}	41.37±2.65^{ABbc}	0.39±0.14^{ABab}	1488.38±136.61^{ABabc}
	♀	1.41±0.13^{b}	46.28±2.61^{a}	0.26±0.04^{a}	1268.75±121.10^{a}
Ⅳ	♂	1.70±0.15^{Bb}	41.10±2.42^{ABbc}	0.18±0.03^{Bb}	1280.83±301.38^{Bbc}
	♀	1.52±0.17^{b}	53.99±5.19^{a}	0.21±0.06^{a}	1110.03±236.50^{a}

注：同一列不同小写字母表示差异显著（$P<0.05$），不同大写字母表示差异极显著（$P<0.01$）。

从表 1-21 可以看出，随着红车轴草异黄酮添加剂量的增加，公鸡血清中 T3 和 T4 水平均呈现先升后降的趋势，在试验组Ⅳ中血清 T3 水平较对照组低 17.08%；母鸡试验Ⅰ组血清 T3 水平最高，较对照组提高了 13.04%，随着添加剂量进一步提高，血清 T3 水平反而低于对照组，但是未达到显著水平（$P>0.1$）。母鸡各试验组血清 T4 水平与对照组间差异均不显著（$P>0.1$）。

公鸡和母鸡试验组血清尿素氮含量均随红车轴草异黄酮添加剂量增加呈下降趋势，公鸡组的下降趋势较母鸡组更为明显。公鸡试验Ⅰ～Ⅲ组，血清尿素氮含量较对照组分别降低 15.98%、29.44% 和 29.98%，但是差异还未达到显著水平（$P>0.1$）。试验Ⅳ组与对照组相比差异极显著（$P<0.05$），较对照组降低了 67.86%。虽然母鸡试验组血清尿素氮含量与对照组相比差异不显著（$P>0.1$），但试验Ⅲ组和试验Ⅳ组也有较大改善，较对照组降低达 31.58% 和 44.47%。

公鸡和母鸡试验组血清碱性磷酸酶活性均随红车轴草异黄酮添加剂量增加呈先升后降的趋势。公鸡试验Ⅰ组、试验Ⅱ组和试验Ⅲ组血清磷酸酶活性均高于对照组，其中试验Ⅰ组和试验Ⅱ组与对照组相比分别提高了 65% 和 58.3%。母鸡各处理组间血清碱性磷酸酶活性差异虽然不显著（$P>0.1$），但是试验Ⅰ组和试验Ⅱ组血清磷酸酶活性也较对照组提高了 17.39% 和 18.89%

（3）结论　在肉鸡日粮中添加 5～20mg/kg 红车轴草异黄酮时，肉鸡平均体增重随添加剂量的增加而提高，当红车轴草异黄酮添加量达到 30mg/kg 时，肉鸡的平均体增重、耗料量和料重比呈现下降趋势。这可能是由于异黄酮的添加超过适宜剂量范围而逐渐表现出的抗雌激素样作用。所以日粮中添加适宜剂量范围内的异黄酮，肉鸡的生长效果随添加剂量的增加而提高，然而添加高剂量异黄酮不仅不会提高肉鸡生长性能反而会引起生长抑制。

在肉鸡日粮中添加中低剂量红车轴草异黄酮，能提高肉鸡血清中的 T3 水平，其中公鸡 20mg/kg 添加组的血液 T3 水平较对照组提高了 17.08%，母鸡 5mg/kg 添加组的血液 T3 水平较对照组也提高了 13.04%。当日粮中添加高剂量红车轴草异黄酮时，公鸡和母鸡血清 T3 水平都出现降低趋势，表明高剂量红车轴草异黄酮可能会造成肉鸡生长抑制，证实红车轴草异黄酮对动物生长性能的影响是存在双向调节作用的。

红车轴草异黄酮能降低肉鸡血清中尿素氮的水平，从而有利于氨基酸的沉积，促进肉鸡肌细胞增大和肌肉蛋白质的沉积，并且红车轴草异黄酮对肉鸡血清尿素氮含量的影响存在明显的剂量效应，其中 30mg/kg 添加组公鸡的血清尿素氮含量显著低于对照组（$P<0.05$），母鸡血清尿素氮含量也较对照组降低了 44.47%，虽然与对照组差异不显著（$P>0.1$），但也能反映出红车轴草异黄酮对母鸡生长的促进作用。

碱性磷酸酶是消化代谢的关键酶，对淀粉、糖和脂肪代谢有重要作用。因此，这种酶的活性越高，畜禽体内代谢越旺盛，越有利于加快动物的生长速度。本试验结果显示，公鸡 5mg/kg 和 10mg/kg 红车轴草异黄酮添加组血清碱性磷酸酶的活性较对照组分别提高 65％和58.3％，与对照组间差异达到显著水平（$P < 0.1$），母鸡 5mg/kg 和 10mg/kg 添加组血清碱性磷酸酶的活性虽然与对照组间差异不显著（$P > 0.05$），但也较对照组有所提高，分别提高了 17.39％和18.89％。可见在肉鸡日粮中添加中低剂量红车轴草异黄酮，能够显著提高肉鸡血清中碱性磷酸酶的含量，进而提高增重。

案例 2
红车轴草异黄酮对肉鸡生产性能及肉品质的影响

（1）材料与方法 选用 1 日龄雄性 AA 肉仔鸡 180 羽，随机分为 3 组，对照组、试验Ⅰ组和试验Ⅱ组，每组 4 个重复，每个重复 15 只鸡，自由采食、饮水，消毒、防疫按常规程序进行。红车轴草异黄酮购于湖南现代九汇有限公司，总黄酮含量 80.64％（HPLC），其中芒柄花素 72.8％、鹰嘴豆芽素 A7.04％、黄豆苷元 0.23％、染料木黄酮 0.19％。参照肉鸡饲养标准配制不同试验阶段日粮，基础日粮组成见表 1-22，对照组饲喂基础日粮，试验Ⅰ组饲喂基础日粮＋红车轴草异黄酮（10mg/kg），试验Ⅱ组饲喂基础日粮＋红车轴草异黄酮（20mg/kg），试验从 1 日龄开始，49 日龄结束。

表 1-22　基础日粮组成及其营养水平

成分	含量/%		营养指标	含量/%	
	0～3 周	4～7 周		0～3 周	4～7 周
玉米	55.83	58.00	粗蛋白	21.25	20.00
大豆油	4.46	5.84	ME/(MJ/kg)	3.00	3.10
大豆粕	31.05	28.69	粗纤维	3.13	3.02
鱼粉	4.50	3.61	粗脂肪	7.02	8.41
石粉	1.40	1.11	钙	1.00	0.90
磷酸氢钙	1.05	1.26	有效磷	0.42	0.43

成分	含量/%		营养指标	含量/%	
	0～3周	4～7周		0～3周	4～7周
蛋氨酸	0.20	0.10	食盐	0.20	0.15
赖氨酸盐酸盐	0.15	0.12	赖氨酸	1.29	1.17
预混料	1.00	1.00	蛋氨酸	0.58	0.45
食盐	0.10	0.07	蛋氨酸+胱氨酸	0.91	0.76
氯化胆碱	0.26	0.20			

注：每千克日粮含铁100mg、铜8mg、锰90mg、锌75mg、碘0.45mg、硒0.2mg、维生素A 6000IU、维生素D_3 2000IU、维生素E 20IU、维生素K_3 2mg、硫胺素1.8mg、泛酸10mg、烟酸32mg、吡哆醇3.5mg、生物素0.15mg、叶酸0.55mg、维生素B_{12} 0.01mg。

测量指标包括：

① 生长性能。每周末空腹12h称量各组肉鸡，记录各组鸡采食量和剩料量，计算平均日采食量、日增体质量和料重比，并且每天记录鸡发病和死亡情况。

② 屠宰性能。饲养结束时鸡空腹12h，每组取2只称量后进行屠宰，测定屠宰率、全净膛率和半净膛率，分离胸肌、腿肌和腹脂，计算胸肌率、腿肌率和腹肌率。

③ 血脂的测量。屠宰时鸡翅静脉取血样，分离血清后用全自动生化分析仪测定血清中总胆固醇（TC）、低密度脂蛋白（LDL）、高密度脂蛋白（HDL）和甘油三酯（TG）。

④ 肉品丙二醛（MDA）的测量。测定4℃下冷藏0d、2d、4d、6d和8d后胸肌的MDA含量，采用南京建成生物工程研究所试剂盒测定。

⑤ 肉品质的测量。pH值：屠宰后取胸肌，用PHS-3C酸度计测量45min pH值和24h pH值。滴水损失：采用吊袋法将胸肌在4℃冰箱悬挂保存48h后称量。肌肉嫩度：将胸肌肉样置于C-LM3型嫩度仪上进行剪切，测定剪切肉样所需的力值，以N表示。

（2）结果与分析

① 红车轴草异黄酮对肉鸡生长性能的影响。日粮中添加红车轴草异黄酮对肉鸡生长有较大影响（表 1-23），试验Ⅰ组和试验Ⅱ组的平均日增重分别比对照组显著提高 4.27%（$P<0.01$）和 6.48%（$P<0.01$）；料重比试验Ⅰ组和试验Ⅱ组低于对照组，但差异不显著（$P>0.05$）。试验组日采食量与对照组相比无显著差异（$P>0.05$）。试验组间比较，除日增重试验Ⅱ组显著高于试验Ⅰ组外（$P<0.05$），其余指标差异不显著（$P>0.05$），说明添加红车轴草异黄酮对肉鸡的生长有促进作用。

表 1-23　红车轴草异黄酮对肉鸡生长和屠宰性能的影响

项目	指标	对照组	试验Ⅰ组	试验Ⅱ组
生长性能	日增重/g	44.01 ± 2.56^c	45.89 ± 1.94^b	46.86 ± 2.09^a
	日采食量/g	98.26 ± 8.80	96.99 ± 10.07	101.94 ± 12.97
	料重比	2.23 ± 0.07	2.11 ± 0.13	2.17 ± 0.18
屠宰性能	屠宰率/%	92.43 ± 0.26	93.23 ± 0.87	92.76 ± 0.73
	半净膛率/%	86.44 ± 0.80	87.49 ± 1.81	86.61 ± 0.99
	全净膛率/%	72.56 ± 0.98	74.06 ± 1.46	73.81 ± 1.10
	胸肌率/%	21.01 ± 2.46	23.70 ± 3.63	23.65 ± 1.88
	腿肌率/%	19.69 ± 1.12	19.59 ± 0.42	20.00 ± 1.48
	腹脂率/%	2.45 ± 0.09^a	2.39 ± 0.11^{ab}	2.12 ± 0.14^b

注：同行小写字母不同表示试验组间差异显著（$P<0.05$），未标注表示无显著差异（$P>0.05$）。

② 红车轴草异黄酮对肉鸡屠宰性能的影响。与对照组相比，日粮中添加红车轴草异黄酮对肉鸡的屠宰率、半净膛率、全净膛率、胸肌率和腿肌率均有所提高，但差异不显著（$P>0.05$）。试验Ⅰ组和试验Ⅱ组与对照组相比，腹脂率降低 2.45%（$P>0.05$）和 13.47%（$P<0.05$），说明红车轴草异黄酮能够提高肉鸡的屠宰性能。

③ 红车轴草异黄酮对肉鸡血脂的影响。日粮中添加红车轴草异黄酮显著降低了肉鸡血清 TG 和 TC（$P<0.05$），对 HDL 无明

显影响（$P>0.05$），试验Ⅰ组和试验Ⅱ组 LDL 均低于对照组，但各试验组间差异不显著（$P>0.05$）（表 1-24），说明红车轴草异黄酮能够调节肉鸡血清中胆固醇代谢。

④ 红车轴草异黄酮对肉品质的影响。试验Ⅰ组和试验Ⅱ组滴水损失分别比对照组低 8.35％和 2.99％，剪切力分别比对照组低 9.47％和 4.27％，但差异均不显著（$P>0.05$）；胸肌的 45min pH 值和 24h pH 值，试验组和对照组间均无明显差异（$P>0.05$）（表 1-24）。

⑤ 红车轴草异黄酮对鸡肉中丙二醛含量的影响。在 4℃冷藏条件下，各组丙二醛含量随着时间的延长逐渐升高，试验组始终低于对照组，在 0d、2d、4d、8d 各组间差异不显著（$P>0.05$），在 6d 时试验Ⅰ组和试验Ⅱ组均低于对照组，并且试验Ⅱ组明显低于对照组（$P<0.05$）（表 1-24）。

表 1-24　红车轴草异黄酮对血脂、肉品质和胸肌 MDA 含量的影响

项目	指标	对照组	试验Ⅰ组	试验Ⅱ组
血脂	TG/(mmol/L)	0.83 ± 0.07^a	0.67 ± 0.06^b	0.69 ± 0.03^b
	TC/(mmol/L)	4.52 ± 0.33^a	3.81 ± 0.13^b	3.82 ± 0.27^b
	HDL/(mmol/L)	2.61 ± 0.17	2.92 ± 0.27	2.58 ± 0.20
	LDL/(mmol/L)	1.23 ± 0.18	1.19 ± 0.12	1.09 ± 0.13
肉品质	滴水损失/％	6.35 ± 0.42	5.82 ± 0.64	6.16 ± 0.65
	剪切力/N	58.52 ± 8.24	52.98 ± 7.13	56.04 ± 5.05
	45min pH 值	6.35 ± 0.31	6.44 ± 0.28	6.38 ± 0.33
	24h pH 值	6.14 ± 0.29	6.23 ± 0.24	6.09 ± 0.18
胸肌 MDA 含量	0d	0.41 ± 0.03	0.37 ± 0.04	0.38 ± 0.03
	2d	0.43 ± 0.07	0.40 ± 0.03	0.42 ± 0.06
	4d	0.44 ± 0.03	0.42 ± 0.05	0.41 ± 0.03
	6d	0.59 ± 0.05^a	0.49 ± 0.02^{ab}	0.47 ± 0.04^b
	8d	0.64 ± 0.06	0.61 ± 0.05	0.59 ± 0.03

注：同行小写字母不同表示试验组间差异显著（$P<0.05$）。

(3) 结论 本试验在饲料中添加 10mg/kg 和 20mg/kg 红车轴草异黄酮可提高肉鸡生长速度和屠宰性能，改善了肉品的品质，并且在添加 20mg/kg 时肉鸡日增长速度最快，能明显降低腹脂率、延长鸡肉的储藏时间，红车轴草异黄酮作为肉鸡饲料添加剂，具有一定的应用潜力。

第三节　花生秧

一、优质花生品种

1. 中花 2 号

中花 2 号由中国农业科学院油料作物研究所选育，1990 年湖北省农作物品种审定委员会审定，1991 年全国农作物品种审定委员会审定，审定编号：GS07002-1990。

(1) 特征特性 中花 2 号，属珍珠豆型中粒花生。株丛直立、紧凑，主茎高 44.2cm，侧枝高 49cm 左右，每株分枝 7.1 个，结果枝 6.4 个，叶色淡绿，小叶为宽椭圆形，开花结果较集中，果柄短而坚韧，入土浅，单株结果 13.3 个，饱果 10.8 个，荚果斧头形，荚果 652.4 个/kg，百果重 168.6g，百仁生 64.3g，籽粒桃形，种皮粉红色，色泽鲜艳，出仁率 73.6%，含油量 52.2%，含蛋白质 29.43%。

春播生育期 125～130d，夏播 105d 左右。高抗青枯病，耐花生叶斑病，耐旱，抗倒伏。

(2) 栽培要点 选择中等偏上肥力地块种植，春播 4 月中、下旬，每亩 0.85 万～1.0 万穴，夏播应于立夏前播完，每亩 1.0 万穴以上，每穴双粒。因果针入土浅，中耕锄划要细，宜早，并及时培土，适时收获，防止"芽果"产生。

(3) 产量表现 一般亩产花生 200kg 左右。

2. 中花4号

中花4号由中国农业科学院油料作物研究所选育，审定编号：GS07001-1994，原名中花117，1993年广西壮族自治区农作物品种审定委员会审定，1994年湖北省农作物品种审定委员会审定，1995年全国农作物品种审定委员会审定。

（1）特征特性　中花4号，属珍珠豆型早熟中粒类型。出苗快而整齐，苗期生长健壮，株型较紧凑，株高适中，叶片功能期较长，小叶宽倒卵形。结果较集中，荚果较整齐，果柄较粗，荚果斧头形，百果重150d，含油率50%以上，蛋白质量30%以上。春播生育期120～130d、夏播生育期105～110d。抗锈病，中抗青枯病，抗旱、耐肥，抗倒伏，适宜性广。适宜湖北、湖南等省区种植。

（2）栽培要点　春播一般4月中旬、夏播6月中旬之前为宜。春播每亩0.85万～1.0万穴，每穴播双粒。施足底肥，看苗追肥。适时收获，防止发生芽果。

（3）产量表现　1987～1989年参加长江流域早熟花生组区试，三年平均亩产234.1kg，比对照粤油116增产10.3%，增产极显著。

3. 鲁花9号

鲁花9号系山东省花生研究所以花19为母本、花17为父本杂交选育而成。1988年通过山东省农作物品种审定委员会审定。

（1）特征特性　属中熟直立大花生。春播生育期130d左右、夏播110d。株高45cm，分枝8～10条，株型紧凑，结果整齐集中，百果重约210g、百仁重90g，出米率73%，蛋白质27.83%，粗脂肪55.19%。该品种抗旱耐肥性强，适应性广。

（2）栽培要点　对土壤和气候条件要求不甚严格，北方花生产区均可种植，以排水良好、中上肥力的沙质壤土种植较好，地膜覆盖栽培增产幅度较大。春播种植密度9000～10000穴/亩，麦田套种、夏直播以11000穴/亩为宜。播种前施足基肥，播种时施少量氮素化肥。注意防治茎腐病，生育后期注意排涝。

（3）产量表现　1986～1987 年山东省花生新品种区域试验，平均每亩产荚果 279.0kg。

4. 豫花 9326

豫花 9326 由河南省农科院经济作物研究所选育，2007 年通过河南省审定，编号：豫审花 2007005。

（1）特征特性　植株直立疏枝，生育期 130d 天左右。叶片浓绿色、椭圆形、较大；连续开花，株高 39.6cm，侧枝长 42.9cm，总分枝 8～9 条，结果枝 7～8 条，单株结果数 10～20 个；荚果普通型，果嘴锐，网纹粗深；籽仁椭圆形、粉红色，百果重 213.1g，百仁重 88g，出仁率 70%。籽仁蛋白质 22.65%、粗脂肪 56.67%、油酸 36.6%、亚油酸 38.3%。高抗锈病，抗网斑病、叶斑病。该品种适宜河南全省花生产区各条件下种植。

（2）栽培要点　播期，麦垄套种 5 月 20 日左右；春播，在 4 月下旬至 5 月上旬。密度为 10000 穴/亩左右，每穴两粒，高肥水地可种植 9000 株/亩穴左右，旱薄地可增加到 11000 穴/亩左右。麦收后要及时中耕灭茬，早追肥（每亩尿素 15kg），促苗早发；高产田块要抓好化控措施；后期应注意旱浇涝排，适时进行根外追肥，补充营养，促进果实发育充实。

（3）产量表现　2002 年全国北方区区域试验，平均亩产荚果 301.71kg、籽仁 211.5kg；2003 年继试，平均亩产荚果 272.1kg、籽仁 189.1kg；2004 年全国北方区花生生产试验，平均亩产荚果 308.0kg、籽仁 212.8kg。2006 年省生产试验，平均亩产荚果 280.8kg、籽仁 192.73kg。

5. 远杂 9102

远杂 9102 由河南省农业科学院棉花油料作物研究所选育，2005 年通过湖北省农作物品种审定委员会审定，编号：鄂审油 2005001。

（1）特征特性　属珍珠豆型早熟花生品种。株型直立、矮小，连续开花。叶片宽椭圆形，微皱，深绿色。荚果茧形，果嘴钝，网纹细深。籽仁粉红色，桃形，有光泽。区域试验中主茎高39.6cm，总分枝数7.2个，百果重165.6g，百仁重70.0g，出仁率75.9%。全生育期122d。高抗青枯病，中感叶斑病，抗旱性、抗倒性、种子休眠性强。在黏重土壤田块种植，荚果整齐度较差。该品种适宜在湖北、河南、河北、山东、安徽等省种植。

（2）栽培要点　播期，6月10日左右。密度为每亩12000～14000穴，每穴两粒。播种前施足底肥，生育前期及时中耕，花针期切忌干旱，生育后期注意养根护叶，及时收获。生育期间采用前促、中控、后保的管理措施，达到高产稳产、优质、高效。

（3）产量表现　2002—2003年参加湖北省花生品种区域试验，品质经农业农村部油料及制品质量监督检验测试中心测定，籽粒粗脂肪含量52.89%、粗蛋白含量27.49%。两年区域试验平均亩产荚果271.88kg。其中，2002年亩产荚果295.00kg，2003年亩产荚果248.75kg。

6. 冀花9号

冀花9号由河北省农林科学院粮油作物研究所选育，2016年5月通过审定，编号：冀审花2016017号。

（1）特征特性　普通型小果花生，生育期129d。株型直立，叶片长椭圆形、绿色，连续开花，花色橙黄，荚果普通形，籽仁椭圆形、粉红色、无裂纹、无油斑，种子休眠性强。主茎高31.4cm，侧枝长35.5cm，总分枝7.4条，结果枝6.5条，单株果数19.3个，单株产量24.2g，百果重216.8g，百仁重95.2g，果数651个/kg，仁数1346个/kg，出米率77.4%。抗旱性、抗涝性强，中抗叶斑病。适宜在河北省唐山、秦皇岛和廊坊市及其以南花生适宜种植区域种植。

（2）栽培要点　选择地块平整、肥力中上等的沙壤土或沙土地种植。施足基肥，并以腐熟有机肥为主，追肥应追施氮、磷等速效肥。播种量为每亩 25kg 荚果。地膜覆盖条件下 4 月 25 日左右播种，露地春播 5 月上中旬播种，麦套于小麦收获前 15d 左右播种，麦后夏直播于 6 月 15 日之前播种。适宜种植密度为每亩 1.1 万～1.2 万穴（2.2 万～2.4 万株）。保证开花、饱果成熟期两次关键水。中后期注意防治叶部病害。多数荚果饱满成熟（内果壳变黑或褐色）时应及时收获。

(3) 产量表现　2014—2015 年参加河北省小花生品种区域试验，两年平均亩产荚果 358.60kg，亩产籽仁 280.53kg。2015 年生产试验，平均亩产荚果 374.12kg，亩产籽仁 289.94kg。

二、花生秧的营养价值及其影响因素

花生是中国北方地区的主要农作物，是一种富含蛋白质、脂肪、维生素、矿物质等多种营养成分的豆科植物，营养价值丰富。每年花生秧的产量约为 2700 万～3000 万吨。花生秧营养丰富、适口性好，多年来一直被用作草食动物的粗饲料。花生秧中含有12.9%的粗蛋白质、2%的粗脂肪、46.8%的碳水化合物，其中花生叶的粗蛋白质含量高达 20%。花生秧粗蛋白质含量可达 12.0%～14.3%，大约是玉米秸秆的 2 倍；钙含量为 2.69%，是玉米秸秆的 6 倍。花生秧总的营养价值比较均衡，明显高于玉米。

影响作物秸秆营养成分的因素有多种，包括植物的品种、生长环境、收获期、刈割高度及加工调制等。同一品种的花生在不影响花生果产量和品质的情况下，不同的刈割时间和刈割高度对花生秧的营养价值影响较大。蛋白质含量是评价饲料品质高低的重要指标之一，蛋白质含量越高，饲料的营养价值越高。

1. 收获时期对花生和花生秧价值的影响

(1) 在不同刈割时间下花生秧维生素含量的差异性　与其他牧草一样，花生秧的品质也与刈割时间有一定的关系。刘太宇等（2003）选用海花 1 号和百日红两个品种，刈割时间处理为 t_1～t_6，

其中 $t_1 \sim t_5$ 分别表示花生秧刈割提前 20d、15d、10d、7d、5d，t_6 表示花生实际收获时间；刈割高度处理为 $CH_1 \sim CH_6$，分别表示花生秧离地面刈割高度为 0cm、3cm、5cm、7cm、10cm；研究不同刈割时间和高度对花生秧营养成分的影响。结果表明，维生素 B_2 对不同时间处理较为敏感，在时间处理 t_4 情况下，维生素 B_2 的含量（33mg/kg）最高，显著高于 t_1、t_2、t_3，极显著高于 t_5、t_6，t_1 与 t_3 之间无显著差异。t_6 含量最低（23.8mg/kg），显著或极显著低于其他处理。在 t_4 和 t_5 之间，维生素 B_6 的含量（10.8mg/kg）最高，显著高于其他处理；t_3、t_4、t_5 处理下，维生素 PP 含量较高，并且相互无差异。

（2）在不同刈割时间下花生秧营养成分的差异性 刘太宇等（2003）研究显示，花生秧比正常收获时间提前 20d、15d、7d、5d、3d，花生秧粗蛋白含量分别是 11.9%、12.6%、14.4%、10.9%、11.3%，正常收获时间粗蛋白含量是 11.6%。提前 7d 收割，粗蛋白含量最高；提前 3d 收割粗蛋白含量最低，其他各组之间差异不显著；花生秧粗脂肪含量分别是 1.28%、3.31%、3.44%、2.73%、3.03%，正常收获时间粗脂肪含量是 2.87%；粗纤维含量分别是 19.8%、16.5%、20.1%、19.3%、18.8%，正常收获时间粗纤维含量是 19.8%。

郑向丽等（2011）研究发现，花生秧提前 5d、10d、15d、20d 收割，花生秧粗蛋白含量分别是 11.76%、13.23%、12.46%、14.34%，正常收获时间粗蛋白含量 12.20%；花生秧粗脂肪含量分别是 2.23%、1.77%、2.20%、1.80%，正常收获时间粗脂肪含量是 2.17%；粗纤维含量分别是 22.73%、23.33%、22.43%、19.43%，正常收获时间粗纤维含量是 22.33%。可见，提前 20d 刈割花生秧的粗蛋白含量极显著高于对照组，但与提前 10d 刈割不存在显著差异，其余处理粗蛋白含量均极显著低于提前 20d 刈割；提前刈割的粗脂肪含量、粗纤维含量与对照之间不存在显著差异。

花生秧提前 5d、10d、15d、20d 收割，中性洗涤纤维含量分别是 41.05％、39.84％、41.08％、37.23％，正常收获时间中性洗涤纤维含量是 40.02％；酸性洗涤纤维含量分别是 30.48％、28.12％、29.39％、28.62％，正常收获时间酸性洗涤纤维含量是 28.06％；相对饲用价值（RFV）分别是 147.65、156.41、149.48、166.43，正常收获时间是 155.81。提前 20d 刈割，相对饲用价值最高，亦表示其营养价值最高，达到 166.43，其余相对饲喂价值在 144.32～156.41 之间。

(3) 在不同刈割时间下花生秧产量的差异性 郑向丽等（2011）研究发现，花生秧提前 5d、10d、15d、20d 收割，花生秧鲜草产量分别是 15726.9kg/hm²、15859.3kg/hm²、16218.0kg/hm²、17404.9kg/hm²，正常收割时间鲜草产量是 15228.1kg/hm²；干物质含量分别是 27.2％、27.8％、26.3％、27.1％，正常收割时间含量是 24.1％；干物质产量是 4280.4kg/hm²、4407.6kg/hm²、4265.5kg/hm²、4718.1kg/hm²，正常收割时间干物质产量是 3666.5kg/hm²。可见，随着刈割时间的提早，花生秧鲜草产量及干物质产量呈增加趋势，提前 10d、15d 和 20d 刈割花生秧鲜重极显著高于对照，分别增产 4.1％、6.5％和 14.3％。提前 5d 刈割花生秧鲜重比对照提高 3.28％，但差异不显著。提前 10d 和 20d 刈割花生秧干重极显著高于对照组，提前 5d 和 15d 刈割花生秧干物质含量显著高于对照。

(4) 不同收割时间对花生果产量的影响 提前收获时间太多降低花生果的产量和品质。刘太宇等（2003）研究显示，花生果收获时间比实际收获时间提前 20d、15d、7d、5d、3d，单株总果数分别是 29.8 个、31.2 个、34.4 个、34.6 个、33.9 个，正常收获时间粗单株总果数是 34.7 个；单株饱果数分别是 21.7 个、23.6 个、30.7 个、31.1 个、30.8 个，正常收获时间单株饱果数是 31.2 个；百果重分别是 119.7g、131.8g、151.3g、154.7g、156.3g，正常收获时间百果中是 153.8g。

郑向丽等（2011）研究发现，花生秧提前 5d、10d、15d、20d

收割，花生果产量分别是 2213.5kg/hm²、2158.9kg/hm²、1983.4kg/hm²、1653.3kg/hm²，正常收割时间花生果产量是 2383.4kg/hm²；百果重分别是 196.33g、185.75g、183.25g、163.92g，正常收割百果重是 193.33g；百仁重分别是 71.33g、68.25g、67.50g、59.75g，正常收割时间百仁重是 70.50kg/hm²；出仁率分别是 64.30%、65.60%、65.70%、66.27%，正常收割时间出仁率是 62.50%；花生仁粗脂肪含量分别是 48.40%、47.97%、46.87%、43.70%，正常收割时间花生仁粗脂肪含量是 50.27%；粗蛋白含量分别是 26.20%、26.06%、25.99%、25.57%，正常收割情况下粗蛋白含量是 25.27%。

提前 5d、10d、15d、20d 收割，花生果产量分别比正常收割组减产 7.13%、9.42%、16.78%、30.63%；提前 20d 刈割花生百果重、百仁重分别比对照组减少 15.21% 和 15.25%，差异达极显著水平。提前 5d、10d 和 15d 刈割花生百果重、百仁重比对照组略有下降，但差异不显著。出仁率除提前 20d 刈割显著高于对照组，其余略有提高但差异不显著。可见随着刈割时间的提前，花生百果重和百仁重呈现逐渐减少的趋势，提前 20d 花生百果重和百仁重减产达极显著。不同刈割时间对花生仁的粗蛋白含量影响不大；对粗脂肪而言，正常刈割花生仁的粗脂肪含量最高，提前 15d 和 20d 刈割花生仁的粗脂肪含量极显著低于对照组，提前 5d 和 10d 刈割花生仁粗脂肪含量比正常刈割低 3.72% 和 4.58%，但差异不显著。

2. 刈割高度对花生秧营养成分的影响

（1）刈割高度对花生秧概略养分的影响　花生秧齐地面刈割高度为 0cm、3cm、5cm、7cm、10cm，研究不同刈割高度对花生秧概略成分的影响（刘太宇等，2003）。结果表明，粗蛋白含量分别是 13.2%、15.23%、15.18%、13.69%、14.61%，粗脂肪含量分别是 2.29%、4.95%、2.81%、3.56%、3.47%，粗纤维含量分别是 20.62%、23.62%、22.17%、17.99%、16.29%。花生秧的提前刈割不仅对花生秧的产量、品质有影响，对花生果的产量与品质也有一定的影响。其中，提前20d刈割，饲料相对值最高，表示其营养价值最高，但其花生产量显著低于对照，提前15d刈割也可提高花生秧的产量、粗蛋白含量，但同时也降低了花生果的产量及品质（粗脂肪含量），得不偿失，不可采用。

提前10d刈割，不仅可以提高花生秧的产量、粗蛋白含量，且不影响花生果的产量与品质。粗蛋白含量的高低，是反映牧草品质好坏的重要指标之一。粗蛋白含量高，牧草的营养价值高，提前10d刈割花生秧的粗蛋白达13.23%，比正常收获时提高8.4%。通过对提前10d刈割花生秧的营养成分与其他常见牧草的营养成分进行比较，发现提前10d刈割花生秧的粗蛋白完全可与优良牧草及饲料作物相媲美，粗蛋白含量比优质墨西哥玉米、苏丹草高1.4倍，比甘薯秧高1.6倍，接近于多年生黑麦草，略低于盛花期紫花苜蓿。

（2）刈割高度对花生秧维生素含量的影响　花生秧离地面刈割高度为0cm、3cm、5cm、7cm、10cm，研究不同刈割高度对花生秧维生素含量的影响。结果显示，维生素PP含量分别是39.4mg/kg、39.77mg/kg、39.73mg/kg、41.3mg/kg、40.7mg/kg，维生素B_2含量分别是31.3mg/kg、30.8mg/kg、30.6mg/kg、35.1mg/kg、32.8mg/kg，维生素B_6含量分别是9.67mg/kg、9.96mg/kg、10.22mg/kg、10.64mg/kg、10.42mg/kg。因此，花生提前10d收获，刈割高度保持在3～7cm，既不影响花生经济产量，又能显著提高花生秧中粗蛋白、粗脂肪、维生素B_2、维生素B_6含量，可大幅度提高饲草质量和饲用价值（刘太宇等，2003）。

三、花生秧的利用技术

案例 1

花生秧粉对21～70日龄皖西白鹅生长性能、屠宰性能、消化酶活性和血清生化指标的影响

（1）材料与方法　选用720只21日龄健康的皖西白鹅，公母

各 360 只，随机分为 6 组，每组 6 个重复（公、母各 3 个重复），每个重复 20 只。6 组试验鹅分别饲喂含 0（对照）、3%、6%、9%、12%、15% 花生秧粉的试验饲粮。各组试验鹅初始体重差异不显著（$P>0.05$），饲养到 70 日龄时每个重复选取 1 只接近平均体重的鹅屠宰。

花生秧粉购自广东金钱饲料有限公司，经自然干燥后粉碎至 2～3cm，直接使用。试验饲粮参照 NRC（1994）肉用生长鹅的营养需要并结合生产实际配制。5 种试验饲粮等能、等氮、等纤维水平，花生秧粉的使用量分别为 0、3%、6%、9%、12%、15%，饲粮类型为颗粒料（见表 1-25）。

表 1-25 试验饲粮组成及营养水平

项目	花生秧粉使用量/%					
	0	3	6	9	12	15
原料						
玉米/%	61.40	60.20	60.00	59.50	59.50	58.70
豆粕/%	16.50	17.20	16.30	17.20	16.20	15.20
鱼粉/%	6.00	5.40	5.90	5.30	5.40	6.30
小麦麸/%	5.71	5.14	3.68	2.11	1.05	0.22
稻壳粉/%	7.20	5.80	4.90	3.60	2.70	1.40
石粉/%	1.03	1.02	1.01	1.02	1.00	1.01
磷酸氢钙/%	0.95	1.03	1.00	1.05	0.95	0.96
食盐/%	0.40	0.40	0.40	0.40	0.40	0.40
L-赖氨酸盐酸盐/%	0.05	0.06	0.05	0.05	0.05	0.05
DL-蛋氨酸/%	0.16	0.15	0.16	0.16	0.15	0.16
预混料/%	0.50	0.50	0.50	0.50	0.50	0.50
氯化胆碱/%	0.10	0.10	0.10	0.10	0.10	0.10
合计/%	100.00	100.00	100.00	100.00	100.00	100.00

项目	花生秧粉使用量/%					
	0	3	6	9	12	15
营养水平						
代谢能/（MJ/kg）	11.00	11.00	11.00	11.00	11.00	11.00
粗蛋白质/%	16.60	16.60	16.60	16.60	16.60	16.60
粗纤维/%	6.00	6.00	6.00	6.00	6.00	6.00
钙/%	0.95	0.95	0.95	0.95	0.95	0.95
非植酸磷/%	0.50	0.50	0.50	0.50	0.50	0.50

饲养试验在江西兴国灰鹅原种场试验鹅场进行，试验开始前将育雏室和鹅舍冲洗干净，严格消毒，空栏 1 周。选 800 只 1 日龄的皖西白鹅鹅苗，饲养至 21 日龄。21 日龄时选取 720 只按照试验设计分组后进入试验期，饲喂各组试验饲粮，每个重复为 1 栏，自由采食，自由饮水，按常规流程进行饲养和免疫。

测定指标包括：生长性能、血清生化指标、空肠内容物消化酶活性、屠宰性能。

（2）结果与分析

① 花生秧粉对皖西白鹅生长性能的影响。由表 1-26 可知，各组试验鹅初始体重差异不显著（$P>0.05$）。饲粮中花生秧粉的使用量对 21~70 日龄皖西白鹅的终末体重、平均日增重、平均日采食量、料重比均无显著影响（$P>0.05$）。

表 1-26　花生秧粉对皖西白鹅生长性能的影响

花生秧粉使用量/%	初始体重/g	终末体重/g	平均日采食量/（g/d）	平均日增重/（g/d）	料重比（F/G）
0	940.23±12.45	3526.85±103.82	242.57±9.35	53.89±1.97	4.50±0.07
3	941.67±10.02	3626.61±135.41	253.33±7.79	55.94±2.64	4.55±0.13
6	948.15±11.08	3557.98±89.85	247.93±6.85	54.37±1.68	4.57±0.10

花生秧粉使用量/%	初始体重/g	终末体重/g	平均日采食量/(g/d)	平均日增重/(g/d)	料重比(F/G)
9	952.78±9.04	3599.86±76.93	255.05±6.00	55.15±1.42	4.63±0.02
12	946.30±11.62	3575.05±71.19	253.67±4.42	54.77±1.30	4.64±0.05
15	935.02±8.87	3551.20±77.64	242.02±6.50	54.33±1.36	4.45±0.04
P 值	0.5621	0.9808	0.635	0.9736	0.4958

② 花生秧粉对皖西白鹅屠宰性能的影响。由表 1-27 可知，饲粮中花生秧粉的使用量显著影响了 70 日龄皖西白鹅的全净膛率和腹脂率（$P<0.05$），对屠宰率、胸肌率、腿肌率、半净膛率和全净膛率无显著影响（$P>0.05$）。当花生秧粉使用量为 3% 和 9% 时，腹脂率显著低于对照组（$P<0.05$）。

表 1-27　花生秧粉对皖西白鹅屠宰性能的影响

项目	花生秧粉使用量/%						P 值
	0	3	6	9	12	15	
屠宰率/%	88.66±0.40	88.93±0.21	88.46±0.28	88.70±0.53	89.18±0.31	89.35±0.32	0.6206
半净膛率/%	81.24±0.52	80.99±0.32	80.25±0.33	80.31±0.21	80.29±0.25	81.89±0.55	0.2420
全净膛率/%	72.62±0.62	72.71±0.36	70.66±0.50	71.64±0.66	71.87±0.27	72.36±0.73	0.0500
胸肌率/%	10.87±0.18	11.07±0.71	10.42±0.64	11.43±0.57	10.38±0.32	10.54±0.38	0.6411
腿肌率/%	12.43±0.32	11.94±0.33	12.08±0.48	12.99±0.55	12.74±0.61	12.06±0.48	0.5632
腹脂率/%	3.47±0.12[a]	2.73±0.35[b]	3.34±0.41[ab]	2.74±0.13[b]	2.90±0.21[ab]	3.39±0.08[ab]	0.0226

注：同行小写字母不同表示试验组间差异显著（$P<0.05$）。

③ 花生秧粉对皖西白鹅空肠内容物消化酶活性的影响。由表 1-28 可知，饲粮中花生秧粉的使用量显著影响了 70 日龄皖西白鹅

空肠内容物麦芽糖酶和脂肪酶活性（$P<0.05$），对蔗糖酶和淀粉酶活性没有显著影响（$P>0.05$）。15％组的空肠内容物麦芽糖酶活性显著高于对照组和其他试验组（$P<0.05$），同时9％、12％组的空肠内容物麦芽糖酶活性显著高于3％组（$P<0.05$）；各试验组的空肠内容物脂肪酶活性均显著高于对照组（$P<0.05$）。

表 1-28　花生秧粉对皖西白鹅空肠内容物消化酶活性的影响

项目	花生秧粉使用量/％						P 值
	0	3	6	9	12	15	
蔗糖酶 U/mg	8.35± 0.93	7.17± 1.31	7.80± 3.50	7.30± 4.30	8.24± 1.11	9.04± 0.89	0.7701
麦芽糖酶 U/mg	1.39± 0.24^{bc}	0.73± 0.10^c	1.30± 0.18^{bc}	1.68± 0.06^b	2.00± 0.40^b	3.32± 0.37^a	<0.0001
淀粉酶 U/mg	0.15± 0.03	0.15± 0.01	0.16± 0.01	0.15± 0.01	0.16± 0.01	0.15± 0.01	0.6379
脂肪酶 U/mg	1.33± 0.15^b	1.87± 0.19^a	1.84± 0.25^a	1.86± 0.20^a	1.90± 0.14^a	1.89± 0.16^a	<0.0001

注：同行小写字母不同表示试验组间差异显著（$P<0.05$）。

④ 花生秧粉对皖西白鹅血清生化指标的影响。由表 1-29 可知，饲粮中花生秧粉的使用量对 70 日龄皖西白鹅的血清总蛋白、总胆固醇、高密度脂蛋白和低密度脂蛋白含量与丙氨酸氨基转移酶、乳酸脱氢酶活性均有显著影响（$P<0.05$），对血清球蛋白、白蛋白、甘油三酯含量以及白球比和天冬氨酸氨基转氨酶活性的影响不显著（$P>0.05$）。当花生秧粉使用量为 15％时，血清总蛋白含量显著低于对照组（$P<0.05$）；当花生秧粉使用量为 6％、12％和 15％时，血清丙氨酸氨基转移酶活性显著低于对照组（$P<0.05$）；当花生秧粉使用量为 15％时，血清乳酸脱氢酶活性显著高于对照组和 3％组（$P<0.05$）；当花生秧粉使用量为 9％、12％和 15％时，血清总胆固醇含量显著低于对照组（$P<0.05$）；当花生秧粉添加量为 12％和 15％时，血清高密度脂蛋白含量显著低于对照组（$P<0.05$）；6％组血清低密度脂蛋白含量显著高于对照组和其他试验组（$P<0.05$）。

表1-29 花生秧粉对皖西白鹅血清生化指标的影响

项目	花生秧粉使用量/%						P值
	0	3	6	9	12	15	
总蛋白/(g/L)	42.45±1.17[a]	39.38±0.92[ab]	39.92±1.17[ab]	41.30±0.96[ab]	41.56±1.34[b]	37.96±1.66[b]	0.0343
白蛋白/(g/L)	16.57±0.26	16.00±0.51	16.15±0.34	16.23±0.50	15.93±0.33	15.28±0.74	0.5470
球蛋白/(mmol/L)	25.88±1.05	24.58±1.02	25.17±1.08	25.87±0.81	23.95±1.24	22.57±1.04	0.2275
白球比/(A/G)	0.65±0.02	0.65±0.02	0.65±0.02	0.63±0.02	0.67±0.02	0.63±0.02	0.7248
天冬氨酸氨基转移酶/(IU/L)	38.67±4.29	33.17±3.64	43.00±6.18	37.25±6.18	40.75±0.48	41.25±3.82	0.7013
丙氨酸氨基转移酶/(IU/L)	16.60±0.93[a]	13.75±0.85[ab]	11.83±1.14[b]	14.50±0.87[ab]	13.33±0.80[b]	13.17±0.87[b]	0.0242
乳酸脱氢酶/(IU/L)	361.00±33.35[b]	322.00±20.24[b]	494.25±46.89[ab]	457.25±20.67[ab]	562.00±64.82[ab]	734.00±43.85[a]	<0.0001
甘油三酯/(g/L)	0.72±0.07	0.77±0.06	0.86±0.08	0.88±0.05	0.87±0.10	0.91±0.12	0.5763
总胆固醇/(g/L)	5.41±0.19[a]	4.97±0.14[ab]	5.08±0.30[ab]	4.67±0.22[bc]	4.55±0.31[bc]	4.25±0.23[c]	0.0258
高密度脂蛋白胆固醇/(mmol/L)	3.49±0.20[a]	3.05±0.12[ab]	3.09±0.15[ab]	3.23±0.25[ab]	2.86±0.22[b]	2.70±0.18[b]	0.0466
低密度脂蛋白胆固醇/(mmol/L)	1.29±0.06[bc]	1.48±0.07[b]	1.65±0.11[a]	1.22±0.04[c]	1.28±0.10[bc]	1.22±0.10[c]	0.0050

注：同行小写字母不同表示试验组间差异显著（$P<0.05$）。

（3）结论 本研究结果表明，花生秧粉使用量在 15％以内对 21～70 日龄皖西白鹅的生长性能、屠宰率、半净膛率、胸肌率和腿肌率等均无显著影响。饲粮中花生秧的使用可显著提高空肠内容物脂肪酶活性，降低腹脂率，减少肉鹅的腹脂沉积。因此，花生秧作为饲料资源可以在肉鹅上广泛使用。

案例 2

发酵花生秧对番鸭生产性能、屠宰性能、血清生化指标及鸭粪常规成分的影响

（1）材料与方法 在干燥的花生秧中加水搅拌，水分控制在 30％～40％，随后加入 2‰复合菌剂（低糖高活性干酵母粉和乳酸菌质量比为 1：1），30℃发酵 72h。

选 15 日龄番鸭 360 只，随机分为 4 组，每组 6 个重复，每个重复 15 只，由于成年番鸭的公母体重差异较大，本研究选取公番鸭作为试验对象，重复间体重接近（$P > 0.05$）。对照组饲喂不添加发酵花生秧的基础日粮，基础日粮组成及营养水平见表 1-30。试验Ⅰ组日粮为 90％对照日粮＋10％发酵花生秧、试验Ⅱ组日粮为 85％对照日粮＋15％发酵花生秧、试验Ⅲ组日粮为 80％对照日粮＋20％发酵花生秧。番鸭自由采食，充足饮水，按正常免疫程序进行免疫接种。

表 1-30　基础日粮组成及营养水平（风干基础）

项目	含量/％		项目	含量/％	
	16～21 日龄	22～70 日龄		16～21 日龄	22～70 日龄
原料			营养成分		
玉米	61.8	62	粗蛋白质	20	15.5
小麦麸	4	14	粗脂肪	3.24	3.17
豆粕	26	20	粗纤维	2.8	3.12
鱼粉	4.2	0	粗灰分	5.5	5.25
蛋氨酸	0.13	0.15	钙	1.25	1.74

项目	含量/%		项目	含量/%	
	16～21日龄	22～70日龄		16～21日龄	22～70日龄
原料			营养成分		
磷酸氢钙	0.95	1.07	总磷	0.7	0.65
食盐	0.2	0.28	氯化钠	0.32	0.35
预混料	1.5	1.5	水分	13.2	13.5
			锌	0.9	0.85
			蛋氨酸	0.45	0.4
			蛋氨酸＋半胱氨酸	0.8	0.68
			色氨酸	0.23	0.18
合计	100	100	赖氨酸	1.05	0.75

注：1. 预混料为每千克日粮提供：维生素 A 8000IU、维生素 B_1 4mg、维生素 B_2 3.6g、维生素 B_5 40mg、维生素 B_6 4mg、维生素 B_{12} 0.02mg、维生素 D 3000IU、维生素 E 20 IU、维生素 K_3 2mg、生物素 0.15mg、叶酸 1.0mg、D-泛酸 11mg、烟酸 10mg、抗氧化剂 100mg、铜（硫酸铜）10mg、铁（硫酸亚铁）80mg、锰（硫酸锰）80mg、锌（硫酸锌）75mg、碘（碘化钾）0.40mg、硒（亚硒酸钠）0.3mg。

2. 代谢能为计算值，其余为实测值。

测定指标包括：

① 生产性能。参照吴量等方法进行生产性能测定，计算各组平均日增重（ADG）、平均日采食量（ADFI）、料重比（F/G）、存活率及增重成本（指每增重 1kg 所耗饲料的成本）。

② 屠宰性能及器官指数。于饲养的第 70 日龄早晨（空腹 6h），从每个处理组随机选 6 只番鸭（每个重复各随机取 1 只），称活重后颈静脉放血致死，按照《家禽生产性能名词术语和度量统计方法》（NY/T 823—2004）进行屠宰测定，在活重的基础上计算屠宰率、半净膛率、全净膛率、腹脂率、胸肌率、腿肌率并测定内脏器官发育指数、免疫器官发育指数，计算方法：器官发育指数＝器官重量（g）/活体重（kg）。

③ 血清生化指标采用日立 7600 全自动生化分析仪检测血清中

总蛋白（TP）、白蛋白（ALB）、球蛋白（GLB）、白球比（A/G）、丙氨酸氨基转移酶（ALT）、天冬氨酸氨基转移酶（AST）、AST/ALT、碱性磷酸（ALP）、尿素（UREA）、肌（CRE）及尿酸（UA）水平。

④ 鸭粪常规成分。分别于 16、42 及 70 日龄（分别为小鸭、中鸭和大鸭 3 个阶段）取新鲜鸭粪 60.0g 左右，自然风干，混合均匀，参考 GB/T 8576—2010 的方法测定番鸭粪便的游离水含量，参考 NY 525—2012 方法检测鸭粪中氮、磷（以 P_2O_5 计）、钾（以 K_2O 计）、有机质和 pH 水平。

(2) 结果与分析

① 花生秧发酵前后常规营养成分变化。由表 1-31 可知，与发酵前花生秧营养成分相比，发酵后的花生秧粗蛋白质、钙水平分别上升 31.82%、97.40%，均达到差异极显著水平；粗纤维和磷含量分别下降 2.35%、20.69%，均达到差异显著水平；水分含量下降 53.23%，达到差异极显著水平。

表 1-31　花生秧发酵前后常规营养成分变化

项目	发酵前	发酵后
粗蛋白质	7.51 ± 0.02^{Bb}	9.90 ± 0.10^{Aa}
粗脂肪	1.75 ± 0.07	2.00 ± 0.25
粗纤维	30.21 ± 0.01^{a}	29.50 ± 0.59^{b}
粗灰分	14.50 ± 0.99	13.91 ± 0.32
钙	0.77 ± 0.01^{Bb}	1.52 ± 0.02^{Aa}
磷	0.29 ± 0.01^{a}	0.23 ± 0.01^{b}
水分	13.00 ± 0.53^{Aa}	6.08 ± 0.12^{Bb}

注：同行数据肩标不同小写字母表示差异显著（$P<0.05$）；肩标不同大写字母表示差异极显著（$P<0.01$）；肩标字母相同或无字母标注表示差异不显著（$P>0.05$）。

② 生产性能：番鸭的体重测定结果见表 1-32。与对照组相比，16 日龄的各组番鸭体重差异不显著；21 日龄，三个试验组的体重分别下降 3.71%（$P>0.05$）、7.01%（$P>0.05$）、15.26（$P<$

0.05）；42 日龄，三个试验组的体重分别下降 12.46％、19.06％、24.24％，均达到差异显著水平。70 日龄，三个试验组的体重分别下降 3.98％（$P > 0.05$）、7.33％（$P < 0.05$）、15.47％（$P < 0.05$）。发酵花生秧对番鸭体重有明显的抑制作用，其比例越高，对番鸭体重的抑制作用越明显。

表 1-32　不同处理组不同阶段番鸭体重

组别	16 日龄	21 日龄	42 日龄	70 日龄
对照组/kg	0.273±0.018	0.485±0.044[a]	0.621±0.048[a]	3.290±0.117[a]
试验Ⅰ组/kg	0.272±0.018	0.467±0.025[a]	0.419±0.066[b]	3.159±0.053[ab]
试验Ⅱ组/kg	0.283±0.013	0.451±0.010[a]	0.312±0.106[c]	3.049±0.075[b]
试验Ⅲ组/kg	0.268±0.010	0.411±0.015[b]	0.228±0.052[c]	2.781±0.151[c]

注：同列数据肩标不同小写字母表示差异显著（$P < 0.05$）；肩标不同大写字母表示差异极显著（$P < 0.01$）；肩标相同字母或无字母标注表示差异不显著（$P > 0.05$）。

由表 1-33 可知，在整个饲喂过程中，对照组与试验组采食量无显著差异。与对照组相比，试验Ⅰ组的平均日增重降低 778％（$P < 0.05$）；试验Ⅰ、Ⅱ组料重比分别下降 6.51％（$P < 0.01$）、6.84％（$P < 0.01$）。三个试验组的存活率分别上升了 11.11％、7.44％、9.89％。从经济效益角度分析，整个饲养期的饲料成本平均为 415 元/kg，发酵花生秧按 1.0 元/g 计算，则试验Ⅰ组的饲料成本为 3835 元/kg，试验Ⅱ组的饲料成本为 3.678 元/kg，试验Ⅲ组的饲料成本为 3.520 元/kg。由表可知，3 个试验组的增重成本（增重成本＝料重比×饲料成本）均发生变化，相比对照组，三个试验组的增重成本分别下降 13.60％、17.44％、9.92％。

表 1-33　不同处理组番鸭生产性能及经济效益

项目	对照组	试验Ⅰ组	试验Ⅱ组	试验Ⅲ组
平均日增重 /(g/d)	50.240±2.419[Bb]	52.519±1.019[Aa]	50.692±1.256[Bb]	46.332±2.853[Bb]
平均日采食量 /(g/d)	164.48±5.02	160.69±4.99	154.53±10.13	160.62±8.25

项目	对照组	试验Ⅰ组	试验Ⅱ组	试验Ⅲ组
料重比(F/G)	3.274 ± 0.155^{Aa}	3.061 ± 0.059^{Bb}	3.050 ± 0.075^{Bb}	3.477 ± 0.203^{Aa}
存活率/%	90	100	96.7	98.9
日饲喂成本/元	0.683	0.616	0.568	0.565
增重成本元/kg	13.587	11.739	11.218	12.239

注：同行数据肩标不同小写字母表示差异显著（$P<0.05$）；肩标不同大写字母表示差异极显著（$P<0.01$）；肩标字母相同或无字母标注表示差异不显著（$P>0.05$）。

③ 屠宰性能及器官指数。由表 1-34 可知，与对照组相比，试验Ⅰ、Ⅱ、Ⅲ组番鸭的屠宰率、半净膛率、全净膛率、腹脂率、胸肌率、脾脏指数、肾脏指数和法氏囊指数差异均不显著（$P>0.05$）。与对照组相比，试验Ⅰ、Ⅱ、Ⅲ组的腿肌率分别上升 20.50%（$P<0.05$）、25.55%（$P<0.05$）、9.27%（$P>0.05$）；肝脏指数分别上 9.90%（$P>0.05$）、12.23%（$P<0.05$）、3.18%（$P>0.05$）；试验Ⅰ、Ⅱ、Ⅲ组的肌胃指数分别上升 17.70%（$P<0.05$）、30.82%（$P<0.05$）、36.66%（$P<0.05$），腺胃指数分别上升 1.37%（$P>0.05$）、32.99%（$P<0.05$）、3643%（$P<0.05$）。

表 1-34 屠宰性能及器官指数

项目	对照组	试验Ⅰ组	试验Ⅱ组	试验Ⅲ组
屠宰率/%	82.94 ± 1.51	82.97 ± 0.57	82.04 ± 1.35	82.52 ± 0.73
半净膛率/%	77.30 ± 1.12	732 ± 0.77	76.78 ± 1.23	$77.47+1.58$
全净膛率/%	70.03 ± 1.42	69.87 ± 0.65	69.05 ± 1.07	69.85 ± 1.43
腹脂率/%	1.33 ± 0.68	0.88 ± 0.59	0.90 ± 0.36	14 ± 0.60
胸肌率/%	12.33 ± 1.60	11.00 ± 1.12	11.19 ± 4.49	10.24 ± 1.16
腿肌率/%	13.27 ± 1.40^{b}	15.99 ± 2.00^{a}	16.66 ± 0.99^{a}	14.50 ± 2.44^{ab}
肝脏指数/(g/kg)	18.89 ± 1.52^{b}	20.76 ± 1.33^{ab}	21.20 ± 0.92^{a}	19.49 ± 1.46^{ab}
脾脏指数/(g/kg)	0.84 ± 0.15	0.82 ± 0.11	0.67 ± 0.15	0.68 ± 0.17

项目	对照组	试验Ⅰ组	试验Ⅱ组	试验Ⅲ组
肾脏指数/(g/kg)	7.29±0.39[ab]	7.17±0.71[ab]	6.42±0.92[b]	7.97±0.98[a]
法氏囊指数/(g/kg)	1.12+0.27	1.31±0.50	1.06±0.24	1.19±0.37
肌胃指数/(g/kg)	15.93±1.93[c]	18.75±2.72[b]	20.84±1.84[b]	21.77±2.64[a]
腺胃指数/(g/kg)	2.91±0.25[b]	2.95±0.34[b]	3.87±0.47[a]	3.97±0.85

注：同行数据肩标不同小写字母表示差异显著（$P<0.05$）；肩标不同大写字母表示差异极显著（$P<0.01$）；肩标字母相同或无字母标注表示差异不显著（$P>0.05$）。

④ 血清生化指标。由表 1-35 可知，与对照组相比，试验Ⅰ组的 A/G、AST、UREA、CRE、UA 分别升高 11.11%（$P<0.05$）、81.24%（$P<0.05$）、73.08%（$P<0.05$）、165.09%（$P<0.05$）、70.85%（$P<0.05$）；试验Ⅱ组 TP、ALB、GLB、ALP 分别下降13.72%（$P<0.05$）、7.09%（$P<0.05$）、18.47%（$P<0.05$）、19.78%（$P<0.05$），而 A/G、AST、UA 水平分别上升15.28%（$P<0.05$）、68.50%（$P<0.05$）、71.25%（$P<0.05$）；试验Ⅲ组 A/G 上升 11.11%（$P<0.05$）。

表 1-35　不同处理组番鸭血清生化指标

项目	对照组	试验Ⅰ组	试验Ⅱ组	试验Ⅲ组
总蛋白/(g/L)	34.83±1.91[a]	31.95±2.49[ab]	30.05±2.08[b]	32.87±1.48[ab]
白蛋白/(g/L)	14.53±0.81[a]	13.98±0.96[ab]	13.50±0.61[b]	14.37±0.54[ab]
球蛋白/(g/L)	20.30±1.18[a]	17.97±1.56[ab]	16.55±586	18.50±0.96[a]
白球比(A/G)	0.72±0.04[b]	0.80[a]	0.83±0.05[a]	0.80[a]
丙氨酸氨基转移酶/(IU/L)	8.78±1.13	11.30±2.36	11.50±1.63	9.38±2.06
天门冬氨酸氨基转移酶/(IU/L)	34.32±5.77[b]	62.20±15.38[a]	57.83±12.28[a]	27.55±7.22[b]
谷草转氨酶/谷丙转氨酶(AST/ALT)	3.88±0.30[ab]	5.50±0.77[a]	5.25±1.81[a]	3.08±0.91[b]
碱性磷酸酶/(IU/L)	571.25±72.90[a]	494.57±92.76[ab]	458.23±63.11[b]	466.62±58.36[ab]

项目	对照组	试验I组	试验II组	试验III组
尿素/(mmol/L)	0.52±0.12ᵇ	0.90±0.20ᵃ	0.72±0.15ᵃᵇ	0.70±0.10ᵃᵇ
肌酐/(μmol/L)	8.65±5.79ᵇ	22.93±9.90ᵃ	10.52±6.75ᵇ	18.23±5.90ᵃᵇ
尿酸/(μmol/L)	170.17±46.09ᵇ	290.73±75.56ᵃ	291.42±59.12ᵃ	205.3225.71ᵇ

注：同行数据肩标不同小写字母表示差异显著（$P<0.05$）；肩标不同大写字母表示差异极显著（$P<0.01$）；肩标字母相同或无字母标注表示差异不显著（$P>0.05$）。

⑤ 番鸭粪便常规成分。由表 1-36 可知，与对照组相比，各试验组的总氮、磷、钾、水分含量均呈下降趋势，有机质及 pH 差异均不显著（$P>0.05$）。与对照组相比，三个试验组的总氮水平分别下降 14.56%、36.08%、51.48%，均达到极显著水平；磷含量分别下降 57.1%（$P<0.05$）、33.25%（$P<0.01$）、52.21%（$P<0.01$）；水分含量分别下降 48.77%（$P<0.01$）、55.53%（$P<0.01$）、59.09%（$P<0.05$）。

表 1-36 不同处理组番鸭粪便常规成分含量

项目	对照组	试验 I 组	试验 II 组	试验 III 组
总氮/%	4.74±0.03ᴬᵃ	4.05±0.02ᴮᵇ	3.03±0.15ᶜᶜ	2.3±0.24ᶜᶜ
磷/%	3.85±0.12ᴬᵃ	3.63±0.05ᴬᵇ	2.57±0.21ᴮᶜ	1.84±0.01ᴮᵈ
钾/%	1.57±0.01ᵃ	1.56±0.01ᵃ	1.54±0.05ᵃ	1.35±0.13ᵇ
水分/%	8.14±0.12ᴬᵃ	4.17±0.13ᴮᵇ	3.62±0.06ᶜᶜ	3.33±0.17ᶜᶜ
有机质/%	86.90±2.10ᵃᵇ	82.20±1.23ᵇ	84.30±3.20ᵃᵇ	90.70±2.29ᵃ
pH	6.27±0.02ᵃᵇ	6.13±0.13ᵇ	6.60±0.25ᵃ	6.73±0.97

注：同行数据肩标不同小写字母表示差异显著（$P<0.05$）；肩标不同大写字母表示差异极显著（$P<0.01$）；肩标字母相同或无字母标注表示差异不显著（$P>0.05$）。

(3) 结论 花生秧经乳酸菌和酵母菌发酵后粗蛋白含量增加、粗纤维含量下降、营养价值升高。当发酵花生秧在日粮中的添加比例为 10%、20% 时，番鸭生产性能显著升高，料重比显著下降，饲料转化率显著升高，增重成本下降，经济效益提高。此外，饲喂发酵花生秧不影响番鸭产肉性能，且能促进番鸭的消化功能，有效减少了鸭粪污染物的排放，利于鸭粪的资源化利用。然而，发酵花生秧可影响番鸭血清中总蛋白（TP）、白蛋白（ALB）、球蛋白（GLB）、白球比（A/G）、丙氨酸氨基转移酶（ALT）、天冬氨酸氨基转移酶（AST）、谷草转氨酶/谷丙转氨酶（AST/ALT）、尿素（UREA）、尿酸（UA）、肌酐（CRE）等生化指标，可能对番鸭的肝脏功能、肾脏功能、免疫功能等造成负面影响，其是否存在亚慢性毒性需要进一步研究。

第二章

禾本科草料

一、优质黑麦草品种

1. 特高多花黑麦草

特高多花黑麦草，1997 年自美国百绿集团引入我国。

（1）特征特性　宽叶型，四倍体；须根系庞大而浅，主要分布在 0～20cm 土层，常在土表形成白色气生根；疏丛型，茎秆较直立，成熟期株高 160～170cm，茎粗（直径）0.4～0.6cm，茎中空，分蘖多，一般为 20～30 个，有时多达 80 个；叶披针形，叶长 37～48cm、宽 1.0～1.5cm，营养期植株叶量丰富，茎叶比约为 0.35；穗状花序，穗长 20～30cm，每穗小穗数约 35 个，单个小穗长 10～30mm。种子长矛形，具短芒，千粒重 2.5～3.5g。

特高黑麦草喜温凉湿润气候，生长最适温度 15～18℃，生长低温－5℃、高温 30℃；喜水肥，稍耐酸性土壤，适应 pH 值为 5.0～7.0，不耐旱，不耐贫瘠，不耐水淹。适宜在肥沃黏性、光照充足、排灌方便的农闲坡地、冬闲水田、荒山坡地、沟渠路旁、田边地角、畜圈附近、鱼塘库区周围种植。

（2）栽培要点　该品种要求种在富含有机质的土壤中，前茬作物以玉米、大豆最理想。地块要平，土质疏松，耕翻 20cm 以上。结合耕翻亩施厩肥 1200～2000kg 或钙镁磷肥 25kg 作基肥。红黄壤土亩施石灰 250kg。同时做好浇地、排涝等配套工作。播种期以 9 月下旬～10 月下旬最佳。播种前用 45～46℃温水浸种 2～2.5h。

播种期偏晚会影响冬季的鲜草产量。播种方式以条播最好，撒播次之。条播行距 15～20cm，每亩用种 1kg。撒播亩用种 1.5～2kg。播种深度为 1.5～2cm。特高黑麦草出苗后生长缓慢，须除草 1～2 次，施腐熟粪水 1 次。若于 10 月中旬发生地下害虫，可用异硫磷兑水灌根。当植株自然高度达 30～50cm 时第一次割青，以后每次在 40～60cm 时刈割，留茬 5～6cm，割后 2～3 天亩施尿素 10kg。为防止草头腐烂，切不可在下雨天用生锈的刀割草。

(3) 产量表现 栽培管理得当，年亩产鲜草可达 10000kg 以上。营养期干物质含粗蛋白 21.0%、粗纤维 24.6%、粗脂肪 5.3%、粗灰分 9.1%、无氮浸出物 40.0%，其总能达 18.6MJ/kg、消化能 12.8MJ/kg。割青利用的鲜草气味芬芳、爽口，草质柔软，无需添加任何饲料便可直接喂畜禽。黑麦草生长旺季，可将用不完的鲜草切碎后做青贮饲料，或撒盐之后装入塑料袋中，以备雨天或草少的季节利用。

2. 阿德纳多花黑麦草

阿德纳多花黑麦草，为加拿大培育的四倍体一年生黑麦草。2012 年通过我国草品种审定委员会审定，获得草品种审定证书。

(1) 特征特性 阿德纳多花黑麦草茎干直立，成熟期株高 150～180cm，茎粗 0.4～0.7cm，茎中空，分蘖 20～30 个，有时多达 80 个；叶长 35～53cm，宽 1.0～1.7cm，营养期植株叶量丰富，茎叶比约为 0.37；穗状花序，穗长 20～35cm，每穗小穗数约 35 个，单个小穗长 10～35mm。种子长矛形，短芒，千粒重 2.5～3.8g。阿德纳多花黑麦草属于中熟品种，适应能力强。抗锈病性突出，耐旱性较好。适宜西南及华东、华南、华中等温暖地区冬闲农田种草或青海等夏季冷凉湿润地区的夏季饲草生产。

（2）栽培要点　为提高播种质量最好精细整地，整地时施入腐熟的农家肥或高磷钾复合肥做基肥，同时开好排水沟。如播种时间较紧，也可不整地直接撒播。夏季高温地区以秋播为主，9月下旬至11月中旬为宜。夏季冷凉地区可春播，以条播为好，行距20～30cm，播量1～1.5kg/亩，播深1～2cm。也可撒播，播种量1.7～2kg/亩。播前施足基肥，以后每刈割1次，亩追施尿素5～7kg。刈割利用，多花黑麦草供草期可达4个月以上，30～60cm高时开始刈割，留茬高度在4～5cm。既可作青饲料，也可调制或青贮，并可制作草粉。

（3）产量表现　再生性好，鲜草产量高，在华中地区秋冬可刈割4～5茬，亩产鲜草6000～7000kg。年均干草产量达1533kg/亩。适口性好，叶片长而宽，鲜嫩多汁，开花期刈割，当水分含量为85.6％时，绝干草样中粗蛋白含量为31.57％、酸性洗涤纤维22.7％、中性洗涤纤维43.46％、总可消化物质含量78.67％。

3. 邦德多花黑麦草

邦德多花黑麦草，四倍体多花黑麦草的晚熟品种，该品种于2009年经第五届全国草品种审定委员会审定通过，并报农业农村部备案，准予推广应用。

（1）特征特性　邦德多花黑麦草茎秆粗4～5mm，株高75～115cm，根系入土深度20～100cm，营养期植株茎叶比约0.25。邦德多花黑麦草喜温暖湿润气候，抗倒伏，产量高。建植快，生长旺盛，再生性强，耐频繁刈割。抗逆性强，对锈病、叶斑病、白粉病和腐霉病有很突出的抗性。适应多种气候条件，适宜种草养畜的地区、冬闲田，也可作为绿肥作物。

（2）栽培要点　播种量为1.1～1.5kg/亩，条播行距20～30cm，播幅5cm，也可撒播，播种量1.5～2kg/亩。播前用复合肥作基肥，以后每刈割1次，亩追施尿素5～7kg。

（3）产量表现　在水肥充足的情况下，鲜草产量高达17000kg/亩。叶片肥大、鲜嫩多汁，适口性好，为各种畜禽和鱼类喜食。其营养价值丰富，糖分和蛋白质含量高，干物质基础蛋白含量25.76%，消化率高，具有极高的饲用价值。

二、黑麦草的营养特性及其影响因素

1. 氮、磷、钾肥对黑麦草产量和营养价值的影响

牧草的正常生长需要一个养分充足的土壤生态环境，良好的土壤肥力才能满足牧草的高产优质生产。作物生长有40%～80%的养分来自土壤，但不能把土壤看作是一个取之不尽、用之不竭的养分库，在作物需要的各种营养元素中，氮、磷、钾是需要量和收获时带走量较多的营养元素，而它们通过残茬和根的形式归还给土壤的数量却不多，仅依靠土壤自身供应养分远远不能满足黑麦草的需求，因此需要以施肥的方式补充这些养分，把作物吸收的养分归还于土壤，才能使土壤保持原有的活力，以获得高而稳定的牧草产量。多花黑麦草对水肥要求较高，往往因不同施肥处理会影响其产量和品质。

(1) 平衡施肥对黑麦草生长及产量的影响　氮是影响黑麦草产量的主要因素，但磷、钾对黑麦草的产量和营养价值亦有影响。据鲁剑巍（2004）等在湖北荆州的研究，氮、磷、钾平衡施肥具有明显促进黑麦草生长的作用，试验分6个处理：①不施任何肥料；②农民习惯施氮肥114kg/hm²；③氮；④氮、磷；⑤氮、钾；⑥氮、磷、钾。除处理①、②外，其他处理方案氮180kg/hm²、五氧化二磷135kg/hm²、氧化钾180kg/hm²。结果表明：与不施肥处理相比，各施肥处理的鲜草产量均有大幅度提高，其中氮、磷、钾配合施用效果最好，产量达61.24t/hm²，是不施肥处理的3倍，氮、磷配合施肥效果其次，比不施肥增产1.57倍，氮、钾配合施肥处理的产量也比不施肥提高1倍多。

试验还表明，黑麦草产量随氮肥用量的增加而增加，施磷、钾肥均有明显增产效果，其中磷肥效果显著优于钾肥。充足氮肥供应是黑麦草高产的保证，黑麦草的鲜草产量随着氮肥用量的增加而提高，农民习惯施肥用量过低，说明对于黑麦草这类收获产量很大的

作物其养分管理与一般大田作物有很大的差别，在种植中应根据作物的不同而采取不同的管理措施。

（2）不同施肥水平对稻田免耕黑麦草生长及产量的影响　关于氮肥对黑麦草营养价值的影响，池银花（2003）的研究表明，施氮肥能显著提高茎叶中粗蛋白和粗纤维含量，且两者随氮肥用量的增加而递增，对红黄壤土亦有类似现象。刘经荣（2003）等指出，随着施氮肥水平的提高，黑麦草的产量增加，且草中的氮、磷、钾含量呈上升趋势，致使黑麦草品质提高，可提供更多的蛋白质和磷素，从而有利于提高单位土地面积的载畜量。占丽平等通过氮、磷、钾肥配合施用处理的鲜草产量分别比钾、磷钾、氮钾和氮磷处理增加了 255.0％、329.1％、37.5％和 9.0％。

2. 茬次对多花黑麦草营养成分的影响

（1）茬次对多花黑麦草养分含量的影响　研究发现，一、二、三茬中，粗灰分含量分别为 7.67％、9.83％、11.26％，各茬次间增加极显著。对于粗蛋白含量，一、二、三茬分别为 13.74％、10.02％、8.25％，多花黑麦草粗蛋白含量随刈割茬次的增加而降低，第一、二茬之间变化均极显著，二、三茬之间显著。磷含量各茬次间差异不显著，平均含量为 0.63％。钙含量均随茬次的增加而增加，各品种各茬次之间差异均显著，其中一茬含量最低，三茬最高，一、二、三茬钙含量分别是 0.06％、0.26％、0.35％。

（2）茬次对多花黑麦草细胞壁物质含量的影响　植物细胞壁物质包括中性洗涤纤维、酸性洗涤纤维、半纤维素、纤维素和酸性洗涤木质素等。特高品种的中性洗涤纤维、酸性洗涤纤维、纤维素以及酸性洗涤木质素的含量均随刈割茬次的增加而增加，其中中性洗涤纤维含量在第一、二茬间变化不显著，第二与第三茬间变化显著，酸性洗涤纤维、纤维素、酸性洗涤木质素的含量在各茬次间变化均极显著；特高品种的半纤维素的含量随茬次的增加而降低，但变化不显著。杰威品种细胞壁各物质含量均随茬次的增加而增加，其中中性洗涤纤维含量在各茬次间差异显著，而酸性洗涤纤维和酸性洗涤木质素含量各茬次间差异均极显著，半纤维素含量随茬次的增加而增加，但差异不显著；纤维素含量第一、二茬次之间差异显著，二、三茬次之间差异极显著。蓝天堂品种细胞壁各物质含量在各茬次间的变化与杰威的相同（雷荷仙等，2011）。

3. 干燥方法对黑麦草营养价值和体外消化率的影响

牧草在干燥和贮藏过程中的损失较多，这些损失主要表现在呼吸作用、机械损伤和雨水淋湿等引起的营养物质损失。为了得到优质干草产品，选择适宜的干燥方法，加快牧草干燥失水速率、缩短干燥时间及减少营养物质损失是非常重要的。因此，研究不同干燥方法对牧草营养成分和体外消化率的影响，筛选出适宜的牧草干燥方法，有利于改进优质干草产品生产工艺，解决我国当前干草产品数量不足、品质低劣、草畜矛盾严重突出、季节矛盾尖锐等问题。

(1) 干燥方法对黑麦草干燥速度的影响 试验设 5 个处理。处理 1：喷化学干燥剂后日光处理（干燥剂为 2% 碳酸钾溶液，用量为 30mg/kg）。处理 2：压扁茎秆结合喷化学干燥剂后日光处理（干燥剂种类、浓度、用量同前）。处理 3：风干处理。处理 4：自然晒干处理（水泥地，通风良好）。处理 5：压扁茎秆后日光处理（用铁磙子将鲜样在水泥地上压扁）。草层厚度为 10cm，样品干燥期间每天翻动草层 2～3 次，充分干燥后粉碎，过 1mm 筛，制备成全草粉，测定样品的营养价值和体外消化率。

不同干燥处理下牧草含水量降至 15% 时，所需时间大不相同，压扁茎秆和压扁茎秆结合喷碳酸钾溶液后日光处理显著缩短了牧草的干燥时间，单独喷碳酸钾溶液后日光处理也可显著缩短豆科牧草的干燥时间，但对多花黑麦草效果不显著。牧草刈割后，由于叶片散失水分的速度较茎秆快（5～10 倍以上），压裂茎秆后破坏了表皮角质层，并使其暴露于空气中，加快了茎内水分的散失，使茎秆和叶片的干燥时间差距缩短，从而缩短了牧草的干燥时间。植物表皮的角质层是疏水亲油的蜡质层，在一定程度上阻止了水分的散失，而化学干燥剂可使植物表皮的物理结构发生变化，使气孔开张，改变表皮的蜡质疏水性，从而加快水分的散失、缩短牧草的干燥时间。

（2）干燥方法对黑麦草营养成分的影响　不同干燥处理牧草的粗蛋白含量显著不同。两种豆科牧草的粗蛋白含量均为阴干处理最高；其次是喷碳酸钾溶液后日光处理和压扁茎秆结合再喷碳酸钾溶液后日光处理，此两种处理粗蛋白含量无显著性差异；效果最差的是压扁茎秆后日光处理和自然晒干处理，此两种处理间无显著性差异，与另外 3 种处理间差异极显著。多花黑麦草的粗蛋白含量以自然晒干处理最高，与压扁茎秆结合喷碳酸钾溶液后日光处理和阴干处理之间差异显著，与压扁茎秆和喷碳酸钾溶液后日光处理间差异极显著。

不同干燥处理的中性洗涤纤维和酸性洗涤纤维含量在两种豆科牧草上表现一致，均为压扁茎秆结合喷碳酸钾溶液后日光处理最低，且与其他处理差异极显著；以晒干处理最高，且与其他处理差异极显著；另外 3 种处理间无显著性差异。多花黑麦草的中性洗涤纤维含量以风干处理最高；酸性洗涤纤维含量以晒干处理最高，以喷碳酸钾溶液后日光处理最低，且与其他处理差异极显著。不同干燥处理牧草其他营养成分含量差异不显著，说明不同的干燥方法只对牧草的粗蛋白、中性洗涤纤维、酸性洗涤纤维含量具有显著影响，对其他营养物质的影响不大。

（3）干燥方法对黑麦草体外消化率的影响　不同干燥处理牧草体外消化率不同。盛世紫花苜蓿和环峡南苜蓿体外干物质消化率在压扁茎秆结合喷碳酸钾后日光处理中最高，与风干处理和压扁茎秆后日光处理差异显著，与自然晒干和喷碳酸钾后日光处理差异极显著；其次是压扁茎秆处理，与风干处理差异显著，与自然晒干和喷碳酸钾后日光处理差异极显著；最低的是喷碳酸钾后日光处理，与其他处理差异极显著。特高多花黑麦草的体外干物质消化率以喷碳酸钾后日光处理最高，与其他处理差异极显著；其次是压扁茎秆结合喷碳酸钾后日光处理和压扁茎秆后日光处理，两处理间差异显著，与其他处理差异极显著；最差的是自然晒干和风干处理，两处理间无显著差异，但与其他处理差异极显著。

不同干燥方法导致牧草干燥时间不同，同时光化学反应、微生物活动、牧草自身的呼吸作用及植物组织内部的生理生化反应也均存在较大差异，因此，牧草的营养成分在不同的干燥方式下不同。喷化学干燥剂及压扁茎秆结合喷化学干燥剂使豆科牧草茎叶干燥速度趋于一致，缩短了干燥时间，减少了营养物质损失，从而提高了干草质量。喷化学干燥剂在缩短禾本科牧草干燥时间上无效，但在提高禾本科牧草体外干物质消化率上效果显著，且化学干燥剂购买成本低，在条件允许的情况下可以考虑使用。干燥方法不同牧草营养物质损失不同，从而导致牧草的采食量和消化率也不同。与自然晒干和风干相比，压扁茎秆、喷化学干燥剂及两者结合使用可提高牧草的体外干物质消化率，且牧草的体外干物质消化率与中性洗涤纤维和酸性洗涤纤维呈显著负相关（单贵莲等，2006）。

三、黑麦草的利用技术

案例 1

黑麦草对扬州鹅生长性能、屠宰性能和血液生化指标的影响

（1）材料与方法 将意大利黑麦草（初花期）进行刈割、晒干、粉碎，然后根据饲粮配方，采用 20 型颗粒饲料机组将其制成颗粒饲料进行试验。黑麦草粉的营养成分为：干物质 86.03%、粗蛋白质 18.76%、粗纤维 23.24%、粗脂肪 2.94%、无氮浸出物 33.05%、粗灰分 7.98%、钙 0.68%、磷 0.36%。

选用 21 日龄、体重相近（出壳时间和体重基本一致）、健康的扬州鹅 300 只，将其随机分为 5 组，分别为对照组、试验 I 组、试验 II 组、试验 III 组和试验 IV 组。添加的黑麦草粉依次为 8%、12%、16% 和 20%。每组 3 个重复，每个重复 20 只，整个饲养试验期 3 周。试验鹅采取网上饲养、人工控温、添料，自由采食、饮

水，并按常规程序进行免疫接种。饲粮配方及营养水平见表 2-1。

表 2-1　基础饲粮及营养水平

项目	对照组	试验Ⅰ组	试验Ⅱ组	试验Ⅲ组	试验Ⅳ组
原料组成					
玉米/%	56.22	59.41	52.8	46.32	39.7
豆粕/%	23.78	27.59	28.3	28.98	29.7
麸皮/%	15	0	0	0	0
黑麦草粉/%	0	8	12	16	20
大豆油/%	0	0	1.90	3.7	5.6
预混料/%	5	5	5	5	5
合计	100	100	100	100	100
营养水平					
代谢能/(MJ/kg)	11	11	11	11	11
粗蛋白/%	17.18	17.18	17.18	17.18	17.18
粗纤维/%	3.44	5.09	6.39	6.5	8.94
中性洗涤纤维/%	8.2	14.42	16.6	18.79	20.97
钙/%	1.03	1.03	1.04	1.04	1.03
有效磷/%	0.4	0.41	0.41	0.41	0.4

测定指标包括：

① 生产性能指标。在整个试验期间，每天记录饲粮消耗量，在试验的第 21d 对各组扬州鹅禁食（自由饮水）后进行称重并记录，计算平均日增重（average daily gain，ADG）、平均采食量（average daily feed intake，AD-FI）、料重比（feedintake/gain，F/G）。

② 屠宰性能指标。在试验第 21d，每组中选取 6 只扬州鹅进行屠宰（每个重复 2 只），测定胴体重、全净膛重、半净膛重、胸肌重、腿肌重、腹脂重、胫骨重等指标，进行屠宰率、半净膛率、全净膛率、胸肌率、腿肌率和腹脂率的计算。

屠宰率（%）＝屠体重/宰前体重×100；半净膛率（%）＝半净膛重/宰前体重×100；全净膛率＝全净膛重/宰前体重×100；胸肌

率＝两侧胸肌重/全净膛重×100；腿肌率＝两侧腿肌重/全净膛重×100；腹脂率＝腹脂重/(全净膛重＋腹脂重)×100。

③ 器官重量的测定。将屠宰后的扬州鹅固定，腹部朝上将胸腹部打开，分离出主要器官，用生理盐水清洗，再去除表面脂肪，然后吸干表面水分，用分析天平进行称重。

④ 血液生化指标。试验第 21d，从每组中选取 6 只扬州鹅进行翼静脉采血样 10mL，3500r/min 离心 10min 制备血清，血清于－20℃保存。血清样品在扬州市疾病预防控制中心进行检测。测定指标：血清总蛋白（totalprotein，TP）、血糖（bloodglucose，GLU）、谷丙转氨酶（glutamic-pyruvictransaminase，GPT）、谷草转氨酶（glutamicoxalacetictransaminase，GOT）、碱性磷酸酶（alkalinephosphatase，ALP）、甘油三酯（triglyceride，TG）、胆固醇（cholesterol，TC）、高密度脂蛋白（highdensitylipoprotein，HDL）和低密度脂蛋白（lowdensitylipoprotein，LDL）。

（2）结果与分析

① 对生长性能的影响。由表 2-2 可知，各处理组的末重无显著性差异；各试验组的平均日增重显著高于对照组，而料重比显著低于对照组；试验Ⅱ组和Ⅳ组的平均日采食量显著低于其他 3 组。从本试验结果来看，黑麦草颗粒饲料能够提高扬州鹅的生长性能，其中试验Ⅲ组的效果最好。

表 2-2　含黑麦草颗粒饲料对扬州鹅生长性能的影响

项目	对照组	试验Ⅰ组	试验Ⅱ组	试验Ⅲ组	试验Ⅳ组
初始重/kg	0.81±0.08	0.79±0.13	0.80±0.11	0.80±0.09	0.81±0.06
末重/kg	1.76±0.36	1.77±0.28	1.73±0.28	1.79±0.29	1.79±0.27
平均日采食量/(g/d)	194.77±6.12	199.50±7.99	173.29±3.94	194.07±6.23	151.10±6.66
平均日增重/(g/d)	40.29±2.92	42.80±1.00	45.21±2.72	45.22±1.67	42.37±2.95
料重比	4.47±0.14	4.42±0.13	4.44±0.06	4.40±0.12	4.43±0.08

② 含黑麦草颗粒饲料对扬州鹅的屠宰性能的影响。由表2-3可知，对照组和试验各组的宰前活重和屠宰率无显著差异，但试验Ⅲ组和对照组的屠体重显著高于试验Ⅰ和Ⅱ；试验Ⅲ和Ⅳ组的半净膛重和全净膛重显著高于其他组，试验Ⅲ组的半净膛率和全净膛率显著高于其他各组；对照组与试验各组的腿肌重和腿肌率差异不大；试验Ⅲ组的腹脂重和腹脂率显著低于其他各组，其中对照组最高；试验Ⅲ组的胸肌重、胸肌率和胫骨重显著高于其他各组。本试验结果可以说明黑麦草颗粒饲粮改善了扬州鹅屠宰性能的大部分指标，其中试验Ⅲ组的效果最好。

表2-3　含黑麦草颗粒饲料对扬州鹅屠宰性能的影响

项目	对照组	试验Ⅰ组	试验Ⅱ组	试验Ⅲ组	试验Ⅳ组
宰前活重/kg	1.80±0.01	1.70±0.16	1.73±0.10	1.81±0.05	1.78±0.14
屠体重/kg	1.59±0.00	1.50±0.15	1.54±0.08	1.61±0.04	1.58±0.12
屠宰率/%	0.88±0.00	0.88±0.01	0.89±0.00	0.89±0.00	0.890±0.00
半净膛重/kg	1.36±0.01	1.30±0.12	1.34±0.08	1.40±0.12	1.39±0.04
半净膛率/%	0.76±0.01	0.76±0.00	0.77±0.01	0.79±0.00	0.77±0.00
全净膛重/kg	1.10±0.01	1.04±0.08	1.06±0.07	1.14±0.04	1.09±0.08
全净膛率/%	0.61±0.00	0.61±0.01	0.61±0.01	0.63±0.01	0.61±0.00
腿肌重/g	91.03±2.79	96.76±3.97	103.58±6.24	105.97±7.05	100.30±5.05
腿肌率/%	18.58±0.66	18.75±1.34	18.76±0.55	18.77±0.23	18.84±3.84
腹脂重/g	22.30±0.95	18.48±1.19	19.82±1.15	16.79±1.31	20.92±0.79
腹脂率/%	2.02±0.07	1.79±0.06	1.87±0.01	1.55±0.01	1.83±0.01
胸肌重/g	13.53±1.70	16.51±0.45	15.46±0.70	18.27±1.10	14.70±1.44
胸肌率/%	2.61±0.09	2.99±0.66	2.93±0.05	3.20±0.09	2.71±0.06
胫骨重/g	15.59±6.12	19.15±4.30	19.29±5.76	21.58±5.64	19.64±2.87

③ 含黑麦草颗粒饲料对扬州鹅血液生化指标的影响。由表2-4可知，与对照组相比，试验Ⅲ组的 TG、TC 和 LDL 含量显著降低，试验Ⅱ和Ⅲ组的 HDL 和 TP 含量显著升高，试验Ⅱ组的 GOT

和 GPT 含量显著降低，试验 Ⅳ 组的 GLU 含量显著降低，而 ALP 含量无显著差异。本试验结果说明黑麦草颗粒饲料具有改善扬州鹅血液生化指标的作用，其中试验 Ⅲ 组的效果最好。

表 2-4　含黑麦草颗粒饲料对扬州鹅血液生化指标的影响

项目	对照组	试验Ⅰ组	试验Ⅱ组	试验Ⅲ组	试验Ⅳ组
甘油三酯 /(mmol/L)	2.36 ± 0.05	2.32 ± 0.08	2.35 ± 0.08	2.31 ± 0.13	2.23 ± 0.04
总胆固醇 /(mmol/L)	6.31 ± 0.29	5.50 ± 0.20	5.86 ± 0.79	5.36 ± 0.16	5.36 ± 0.41
高密度脂蛋白 /(mmol/L)	2.04 ± 0.17	2.37 ± 0.02	2.32 ± 0.12	2.29 ± 0.03	2.11 ± 0.09
低密度脂蛋白 /(mmol/L)	1.66 ± 0.05	1.64 ± 0.05	1.62 ± 0.06	1.54 ± 0.04	1.56 ± 0.04
总蛋白/(g/L)	37.13 ± 1.74	38.57 ± 0.95	39.23 ± 2.15	42.97 ± 2.83	40.53 ± 1.06
血糖/(mg/dL)	10.50 ± 0.16	10.41 ± 0.10	10.21 ± 0.18	10.22 ± 0.10	9.68 ± 0.02
谷草转氨酶 /(IU/L)	37.73 ± 3.33	54.27 ± 3.20	31.70 ± 1.90	33.07 ± 1.93	53.47 ± 2.44
碱性磷酸酶 /(IU/L)	481.77 ± 6.09	485.63 ± 3.36	480.43 ± 7.48	487.57 ± 4.19	489.10 ± 8.14
谷丙转氨酶 /(IU/L)	37.53 ± 1.06	36.20 ± 0.36	34.37 ± 0.75	37.33 ± 1.12	36.40 ± 0.80

（3）结论　从本试验结果来看，黑麦草颗粒饲料能够提高扬州鹅的生长性能、改善屠宰性能和血液生化指标。其中，添加黑麦草粉比例为 16% 的颗粒饲料效果最好

案例 2

五龙鹅对鲜黑麦草结构日粮粗蛋白和氨基酸代谢规律的研究

（1）材料与方法　试验动物选自莱阳市五龙鹅繁育基地 120 日龄的健康快长系公鹅，随机均分为 4 组，其中 1 组为对照组，另 3 组为试验组。冬牧-70 鲜黑麦草为第 2 次刈割青草，青草切成长 3mm

左右。

每 100kg 基础日粮组成（kg）为：玉米 54、豆粕 6、花生粕 10、麸皮 10、花生蔓 17、$CaCO_3$ 0.6、NaH_2PO_4 0.4、预混料 1。每千克基础日粮营养水平为：代谢能 10.88MJ、粗蛋白质 172.8g、粗纤维 91.4g、中性洗涤纤维（NDF）87.6g、酸性洗涤纤维（ADF）87.5g、钙 8.5g、磷 6.8g。基础日粮及营养摄入量见表 2-5，试验用鲜黑麦草干物质营养水平见表 2-6。对照组饲喂基础日粮；试验组饲喂相同能量及蛋白质水平的测试日粮，试验 1～3 组饲喂的基础日粮与鲜黑麦草的质量比分别为 1：2/1：3/1：4。

表 2-5 试验期每日营养摄入量（实测值）

组成	对照组	试验 1 组	试验 2 组	试验 3 组
基础日粮：鲜黑麦草	120：00	87：175	77：231	69：275
干物质	120	130	134	137
代谢能/(kJ·d)	1300	1300	1304	1300
粗蛋白质/(g/d)	20.73	20.33	19.98	19.96
粗纤维/(g/d)	10.71	23.29	27.28	30.4
钙/(g/d)	1.03	0.86	0.81	0.78
磷/(g/d)	1.17	1.09	1.07	1.06

表 2-6 鲜黑麦草干物质中营养物质及含量

营养物质	含量	营养物质	含量	营养物质	含量
粗纤维/(g/kg)	35.69	丝氨酸	0.25	亮氨酸	0.44
NDF/(g/kg)	35.61	谷氨酸	0.69	酪氨酸	0.28
ADF/(g/kg)	34.65	甘氨酸	0.27	苯丙氨酸	0.38
粗蛋白质/(g/kg)	10.02	丙氨酸	0.39	赖氨酸	0.27
磷/(g/kg)	0.56	胱氨酸	0.43	组氨酸	0.1
钙/(g/kg)	0.28	缬氨酸	0.45	精氨酸	0.29
天冬氨酸/(g/kg)	0.49	蛋氨酸	0.31	脯氨酸	0.33
苏氨酸/(g/kg)	0.26	异亮氨酸	0.28	总氨基酸	5.92

采用全收粪法连续收集 4d 的排泄物。试验期每只鹅粪便单独收集和处理。在代谢笼下放置集粪盘，每天定时收集粪便并称重，混合后取样进行固氮，按每 100g 鲜粪加入 100mg/g 的盐酸 10mL，处理后置 4℃冰箱中冷藏保存。每天将所取固氮粪便混匀，一次性测定氮含量，估算成蛋白质含量。同时测定饲料中粗蛋白质、氨基酸含量。

(2) 结果与分析

① 饲粮 NPU。由表 2-7 可见，对照组与试验 2、3 组间 NPU 差异不显著；在试验组中，随着粗纤维含量的提高，NPU 呈现出升高的趋势，以试验 3 组 NPU 为最高。

表 2-7　不同时间试验各组 NPU（实测值）的比较

组别	粗蛋白质摄入量/(g/d)	不同时间 NPU/%				NPU 平均值/%
		1d	2d	3d	4d	
对照组	20.73	$43.06^a \pm 0.79$	$37.63^a \pm 1.02$	$40.95^a \pm 1.65$	$39.60^a \pm 1.74$	$40.31^a \pm 1.69$
试验1组	20.33	$32.28^b \pm 3.18$	$31.17^b \pm 0.26$	$33.40^a \pm 1.45$	$30.04^a \pm 2.99$	$31.72^b \pm 3.55$
试验2组	20.98	$42.73^a \pm 3.67$	$36.02^a \pm 0.29$	$38.15^a \pm 1.09$	$30.46^a \pm 1.85$	$36.84^{ab} \pm 2.36$
试验3组	20.96	$41.59^a \pm 4.21$	$34.49^{ab} \pm 0.54$	$40.06^a \pm 3.15$	$33.49^a \pm 2.79$	$37.41^a \pm 3.68$

注：同一列中，右肩标有相同字母者，差异不显著（$P > 0.05$），有不同字母者，差异显著（$P < 0.05$）。

② 饲粮氨基酸利用率。试验各组氨基酸每日摄入量见表 2-8，氨基酸利用率见表 2-9。由表 2-9 可见，对照组与试验组间必需氨基酸中的蛋氨酸、胱氨酸、苯丙氨酸、异亮氨酸平均消化率差异显著或极显著，其中试验组苯丙氨酸、异亮氨酸消化率分别为 62.16%～72.59% 及 65.87%～70.63%，基本上可满足机体的需求；试验 3 组蛋氨酸和胱氨酸消化率极低，分别为 17.00% 和

21.17%。对照组与试验组间的其他必需氨基酸利用率差异不显著。

表 2-8　试验各组氨基酸每日摄入量

组别	对照组	试验 1 组	试验 2 组	试验 3 组
天冬氨酸/g	1.45	1.26	1.21	1.15
苏氨酸/g	0.55	0.51	0.5	0.49
丝氨酸/g	0.76	0.66	0.63	0.6
谷氨酸/g	3.25	2.65	2.48	2.34
甘氨酸/g	0.76	0.66	0.64	0.62
丙氨酸/g	0.85	0.79	0.77	0.75
胱氨酸/g	0.42	0.49	0.51	0.53
缬氨酸/g	0.77	0.75	0.75	0.75
蛋氨酸/g	0.38	0.41	0.42	0.43
异亮氨酸/g	0.59	0.55	0.54	0.53
亮氨酸/g	1.34	1.16	1.11	1.07
酪氨酸/g	0.61	0.56	0.55	0.54
苯丙氨酸/g	0.8	0.75	0.73	0.72
赖氨酸/g	0.66	0.59	0.58	0.56
组氨酸/g	0.36	0.3	0.29	0.27
精氨酸/g	1.18	0.98	0.92	0.87
脯氨酸/g	0.88	0.78	0.75	0.73
总氨基酸/g	15.64	13.88	13.39	12.99

表 2-9　饲粮氨基酸利用率

氨基酸	对照组	试验 1 组	试验 2 组	试验 3 组
天冬氨酸/%	85.68[a]±2.58	80.75[ab]±3.98	77.18[b]±0.69	79.27[b]±3.50
苏氨酸/%	77.74[a]±4.12	72.34[ab]±5.6	68.76[b]±1.88	70.09[ab]±6.17
丝氨酸/%	82.45[a]±4.78	77.43[a]±5.15	76.45[a]±1.80	69.78[a]±1.89
谷氨酸/%	89.12[a]±2.06	85.66[ab]±2.83	82.56[b]±0.63	83.66[b]±1.99
甘氨酸/%	67.62[a]±2.33	64.71[a]±5.52	59.49[a]±4.17	68.18[a]±1.81
丙氨酸/%	81.77[a]±3.99	79.23[a]±4.92	77.21[a]±0.80	77.71[a]±3.19

氨基酸	对照组	试验 1 组	试验 2 组	试验 3 组
胱氨酸/%	55.61ᵃ±1.65	41.83ᵃᵇ±1.19	27.83ᵇᶜ±0.86	17.00ᵇᶜ±0.12
缬氨酸/%	73.46ᵃ±4.51	67.07ᵃ±4.97	63.35ᵃ±2.12	72.82ᵃ±1.25
蛋氨酸/%	63.14ᵃ±5.50	46.87ᵇ±2.35	37.78ᵇ±1.26	21.17ᶜ±1.04
异亮氨酸/%	77.73ᵃ±3.93	70.63ᵇ±4.65	67.37ᵇ±1.74	65.87ᵇ±3.63
亮氨酸/%	85.93ᵃ±2.88	82.55ᵃᵇ±3.54	80.53ᵇ±0.73	81.94ᵃᵇ±2.64
酪氨酸/%	80.57ᵃ±3.93	73.46ᵃᵇ±2.17	67.84ᵇᶜ±2.27	61.54ᶜ±1.72
苯丙氨酸/%	81.01ᵃ±3.70	72.59ᵇ±2.48	67.89ᵇᶜ±1.97	62.16ᶜ±0.66
赖氨酸/%	83.05ᵃ±2.09	77.59ᵃᵇ±4.61	73.66ᵇ±0.20	78.50ᵃᵇ±2.88
组氨酸/%	86.91ᵃ±1.28	85.36ᵃ±4.15	82.42ᵃ±0.84	82.19ᵃ±0.79
精氨酸/%	90.92ᵃ±1.86	88.10ᵃᵇ±2.36	86.20ᵇ±2.08	87.90ᵃᵇ±1.12
脯氨酸/%	79.28ᵃ±1.06	63.39ᵇ±2.41	58.48ᶜ±2.09	59.31ᶜ±2.07
总氨基酸/%	82.36ᵃ±3.07	76.81ᵃᵇ±3.16	72.95ᵇ±1.24	72.06ᵇ±4.83

注：同行数据肩标不同小写字母表示差异显著（$P<0.05$）；肩标字母相同或无字母标注表示差异不显著（$P>0.05$）。

（3）结论 与对照组相比，饲喂基础日粮与鲜黑麦草比例为 1∶4 的日粮 NPU 无显著差异；除蛋氨酸、胱氨酸外，其他氨基酸利用率也较为理想。就整体而言，添加冬牧-70 鲜黑麦草在节约饲养成本的同时，对饲粮的 NPU 和氨基酸利用率负面影响较小。在生产中应注意适当添加含硫氨基酸，以保持必需氨基酸的平衡，提高氨基酸利用率。

案例 3

不同黑麦草饲喂量对兴国灰鹅育肥及屠宰性状的影响

（1）材料与方法 试验鹅为兴国灰鹅原种场家系选育种鹅繁育的仔鹅，随机选择健康的初生鹅 60 只，随机均分为 3 组。试验在兴国灰鹅原种场进行。试验时间 10 周。

补饲的精料均为稻谷-豆粕型饲料。其中小鹅（1～28 日龄）补饲精料的代谢能 10.27MJ/kg，粗蛋白是 17.24%；育肥鹅

（29～70 日龄）补饲精料的代谢 10.33MJ/kg，粗蛋白 15.29％。详细的饲料配方及成本见表 2-10。各试验组的补充精料营养水平相同。

表 2-10　饲料配方及成本　　　　单位：％

日龄	稻谷/％	豆粕/％	磷酸氢钙/％	石粉/％	预混料/％	成本/（元/kg）
1～28	71	25	1.8	1.2	1	2.09
29～70	76	20	1.8	1.2	1	1.09

（2）结果与分析

① 生长性能与耗料。从表 2-11 可见：试验从初生到第 3 周，各组的体重均无显著差异。第 4 周，试验 1 组的体重极显著地大于试验 2 组和试验 3 组，但试验 2 组与试验 3 组之间的体重差异不显著。从第 5 周起，试验 3 组的体重极显著地小于试验 1 组和试验 2 组，但试验 1 组与试验 2 组之间的体重差异不显著。

表 2-11　试验鹅各周龄平均体重

周龄	试验 1 组均重/g	试验 2 组均重/g	试验 3 组均重/g
初生重	102.05±9.30	102.80±10.01	103.10±8.14
1	266.00±35.30	263.50±20.59	255.75±20.21
2	506.00±72.36	509.00±52.38	482.75±45.32
3	867.25±120.57	831.25±101.40	805.57±101.09
4	1280.00±160.10^A	1151.25±149.23^B	1063.75±111.65^B
5	1625.00±195.59^A	1560.25±201.24^A	1401.25±135.84^B
6	1919.25±155.88^A	1855.75±288.47^A	1661.25±196.43^B
7	2532.50±315.51^A	2370.00±375.01^A	2090.00±258.84^B
8	2780.00±344.66^A	2590.00±415.68^A	2217.50±328.98^B
9	2952.50±397.19^A	2840.00±444.74^A	2360.00±363.68^B
10	3185.00±366.38^A	3067.50±443.45^A	2627.50±384.39^B

注：同一行数值后小写字母不同表示差异显著（$P<0.05$），数值后大写字母不同表示差异极显著（$P<0.01$）。

从表2-12可知，1、2、3、6、10周龄各试验组鹅的增重均无显著的差异。4周龄，试验1组的增重均极显著地大于试验2组和试验3组，且试验2组的增重也显著地大于试验3组。5周龄时，试验2组的增重显著地大于试验3组，而试验1组的增重与试验2组和试验3组的差异均不显著。7周龄时，试验1组的增重极显著地大于试验3组，而试验2组的增重与试验1组和试验3组的差异均不显著。8周龄时，试验1组和试验2组的增重均极显著地大于试验3组，而试验1组与试验2组的增重差异不显著。9周龄时，试验2组的增重极显著地大于试验3组，也显著地大于试验1组。

表2-12　试验鹅各周龄增重

周龄	试验1组增重/g	试验2组增重/g	试验3组增重/g
1	163.95±31.23	160.70±20.63	152.65±18.53
2	240.00±40.72	245.50±38.76	227.00±31.68
3	361.25±53.92	322.25±59.75	323.00±68.33
4	412.75±107.10^A	320.00±79.72B^a	258.00±67.73B^b
5	345.00±129.65	409.00±67.19^a	337.50±119.07^b
6	294.25±239.54	295.50±105.90	260.00±203.65
7	613.25±295.85^A	514.25±125.48	428.75±195.56^B
8	247.50±111.77^A	220.00±86.45^A	127.50±122.98^B
9	172.50±124.05^a	250.00±132.78^{Ab}	142.50±93.58^B
10	232.50±217.20	227.50±135.21	267.50±67.42

注：同一行数值后小写字母不同表示差异显著（$P < 0.05$），数值后大写字母不同表示差异极显著（$P < 0.01$）。

从表2-13可见：所耗精料由多到少的顺序为试验1组、试验2组、试验3组。而所耗黑麦草由多到少的顺序为试验3组、试验2组、试验1组。在8周龄达到了兴国灰鹅仔鹅的最大采食量，此后采食量慢慢下降。从表2-14可见：试验1组的精料体重比最高而草料（黑麦草）体重比最低，试验3组的精料体重比最低而草料（黑麦草）体重比最高。

表 2-13　各组试验鹅的实际耗料情况

周龄	试验 1 组用料/kg			试验 2 组用料/kg			试验 3 组用料/kg		
	黑麦草	精料	草精比	黑麦草	精料	草精比	黑麦草	精料	草精比
1	3.6	3.6	1	5.25	3.5	1.5	6.3	3.15	2
2	14.8	7.4	2	18.45	6.3	2.93	21.8	5.55	3.93
3	25.8	12.9	2	33.3	11.1	3	38.4	9.6	4
4	38	19	2	51.75	17.25	3	62	15.5	4
5	72.75	21.1	3.45	93.5	19.25	4.86	108.1	17.5	6.17
6	97.7	24.4	4	125.1	21.1	5.93	146.6	19.2	7.64
7	133	33.25	4	174	29.9	6	191.7	23.9	8.02
8	161	36.75	4.38	196	31.5	6.22	212.5	26.25	8.1
9	147.5	36.75	4.01	184	31.5	5.84	196.5	26.25	7.49
10	108	36.75	2.94	144	31.5	4.57	157	26.25	5.98
1～4 周龄合计	82.2	42.9	1.92	108.8	38.15	2.85	128.5	33.8	3.8
5～10 周龄合计	719.95	189.9	3.81	916.6	163.9	5.59	1012.3	139.4	7.26
总计	802.15	231.9	3.46	1025.4	202	5.08	1140.8	173.15	6.59

表 2-14　各组的料重比

料重比项目	试验 1 组	试验 2 组	试验 3 组
精料体重比	3.64	3.29	3.29
草料体重比	12.59	16.71	21.71

② 屠宰性状。从表 2-15 可见，试验 1 组的腹脂重和心脏重均显著地大于试验 3 组，其他屠宰性状各组均无显著差异。

表 2-15　各组的屠宰性状

屠宰项目	试验 1 组/g	试验 2 组/g	试验 3 组/g
屠体重	2856.67±310.66	2820.00±384.92	2620.00±410.80
半净膛重	2485.67±314.26	2444.17±381.55	2205.65±340.12

屠宰项目	试验1组/g	试验2组/g	试验3组/g
全净膛重	2178.33±278.67	2118.33±352.61	1916.67±294.68
胸肌重	127.50±23.08	114.50±25.20	96.83±28.94
腿肌重	146.17±25.32	152.00±27.97	141.33±18.82
腹脂重	40.00±19.07[a]	34.17±17.30	18.80±14.96[b]
肠子重	225.00±14.10	227.83±13.56	233.17±13.50
肌胃重	150.33±17.59	170.67±17.74	153.00±35.44
心脏重	24.33±2.42[a]	21.83±4.12	19.85±2.89[b]
肝脏重	92.67±14.46	99.17±12.38	97.33±19.12

注：同一行数值后小写字母不同表示差异显著（$P<0.05$），数值后小写字母相同表示差异不显著（$P>0.05$）。

③ 经济效益。根据当时实际，按鹅苗6元/羽、青料0.10元/kg、仔鹅销售价14.00元/kg计算，可算出各组的经济效益，详见表2-16。

表2-16　各组的经济效益

效益项目	试验1组	试验2组	试验3组
各组仔鹅毛利/元	225.81	230.57	153.67
每羽仔鹅毛利/元	11.29	11.53	7.68

(3) 结论　试验结果表明，黑麦草饲喂量过高或过低都会影响兴国灰鹅的生长和效益。其中，高黑麦草饲喂组的生长性能和经济效益均不如中、低黑麦草饲喂量组，全期体重和早期生长速度的差异均极显著，经济效益低48%。在7周龄前，黑麦草饲喂量与精料饲喂量的比值等于周龄数为宜；8周龄以后，精料的饲喂量保持7周龄末的饲喂量，黑麦草的饲喂量根据实际采食量增减。兴国灰鹅仔鹅在8周龄达到了最大采食量，此后采食量慢慢下降。产生这种现象的原因可能与兴国灰鹅在8周龄以后进入换羽期有关。

第二节　饲草玉米

一、优质饲草玉米品种

1. 墨西哥玉米

原产于中美洲的墨西哥和加勒比群岛以及阿根廷。中美洲各国、美国、日本南部和印度等地均有栽培。中国于 1979 年从日本引入。

(1) 特征特性　墨西哥玉米为禾本科类蜀黍属一年生草本植物，又名大刍草。丛生，茎粗，直立，高 1.5～2.5m，最高可达 5m。叶长 70～90cm、宽达 8cm。雄小穗为顶生圆锥花序，雌小穗为穗状花序，簇生于叶鞘内，成熟时逐节脱落，每节有颖果一粒。种子褐色或灰褐色，千粒重 77g 左右。茎秆粗壮、枝叶繁茂、质地松脆，具有甜味。喜高肥环境，最适发芽温度 15℃，生长最适温度 25～35℃，能耐受 40℃高温，不耐霜冻，气温降至 10℃停止生长，0℃时植株枯黄死亡。在年降水量 800mm 地区生长良好。需水量大，但不耐水淹，对土壤要求不严，耐酸、耐水肥、耐热，适于大部分农区种植。生育期为 200～230d，再生力强，一年可刈割 7～8 次。

(2) 栽培要点　各地可根据其生育期及当地气候情况选择适当的播种时间，南方地区可四季播种。播前应平整土地，做成 1.5m 宽的畦，并施足底肥。每亩用种 1～1.5kg，播前种子用 30℃的温水浸泡 24h。按株行距 40cm×60cm，采用穴播或育苗移栽方式进行。播种时只需略覆细土。播后应保持畦面湿润，5d 可出苗。苗期或移栽初期应除草一次并保持土壤湿润。每收割一次，可在当天或第二天结合灌水和除草松土，每亩施尿素 5kg 或人粪尿按 1∶3 比例兑水稀释后泼施。播后 45d 株高 50cm 以上时开始收割，应留茬 5cm，以利速生。此后每隔 20d 可再割，全生育期可割 8～10 次。

（3）产量表现　墨西哥玉米在适宜的密度和水肥条件下栽培，亩产青茎叶 10～30t。据测定，墨西哥玉米风干物中含干物质 86%、热能 14.46MJ/kg、粗蛋白 13.8%、粗脂肪 2%、粗纤维 23%～30%、无氮浸出物 72%、赖氨酸 0.42%，达到高赖氨酸玉米粒含赖氨酸水平，其营养价值高于普通食用玉米。

2. 玉草 1 号

玉草 1 号由四川农业大学玉米研究所选育，父本（9475）系从墨西哥引进的四倍体多年生玉米种，母本（068）为普通玉米与四倍体多年生玉米杂交后培育的中间桥梁材料，即玉米-四倍体多年生代换系。国家级审定编号：川审玉 2007019。

（1）特征特性　籽粒黄白色，千粒重 150g 左右；植株生长繁茂，根系发达，茎秆粗壮，成株时株高可达 3m 以上，主茎粗 1.7～2.1cm，叶片长 80～105cm、宽 6～8cm；具有多年生特性，每年可刈割 3～4 次；平均分蘖 6～8 个。抗寒、抗旱能力强，生态适应性广，适宜黄淮海地区平丘和山区种植。对土壤和播种期无严格要求，在南方地区种植一次可多年利用。

（2）栽培要点　温度稳定在 12℃ 以上即可播种，播种可采用直播或育苗移栽，每穴单株，2500～3500 株/亩，有利分蘖和再生。播种后 30d 内植株细小、生长较慢，不易封行，要及时中耕除草、防治地下害虫；施足基肥，每次刈割后结合灌水除草松土施肥，促其快速再生。适宜作青饲玉米使用，刈割最佳时期应在播种后 80d 左右，此时刈割产草量和营养价值均较高。刈割时留茬 10～15cm 为宜，此后每隔 40～60d 可再次刈割，一年可刈割 3～4 次。

（3）产量表现　茎叶嫩绿多汁，适口性好。年亩鲜产 8～12t，比墨西哥玉米平均增产 50% 以上。第一期 2007 年 4 月初播种，密度 5000 株/亩，6 月 2 日刈割，亩产为 3.5t，比墨西哥玉米增产 84.2%，比高丹草增产 96.6%；第二期 4 月 20 日播种，密度 3700

株/亩，7月7日收获，鲜草亩产为4799.48kg；2007年越冬后玉草1号鲜草亩产为4850kg。风干基础，粗蛋白含量12.91％～15.28％，中性洗涤纤维含量61.04％～64.29％，相对饲用价值为82.62。

3. 玉草2号

玉草2号由四川农业大学玉米研究所选育，父本（06848）是玉米-四倍体多年生玉米种代换系（068）与玉米（48-2）的回交种；母本为墨西哥一年生大刍草。国家级审定编号：川审玉2007020。

(1) 特征特性 籽粒黄色，千粒重250g左右；为禾本科类蜀黍属一年生草本，生育期120d左右；植株生长快速，枝叶繁茂，平均株高256.7cm，茎粗3.1cm，叶片长103.4cm，叶宽9.8cm，平均分蘖2～3个，茎直立，叶片剑状，叶缘微细齿状，叶面光滑。玉草2号刈割生育期平均65～70d，平均株高可达2.6m，平均分蘖2～3个。种子发芽的最低温度为12℃左右，最适温度为24～26℃，生长适温25～35℃。适宜在黄淮海地区平丘和山区种植。

(2) 栽培要点 对播种期无严格要求，地温稳定在12℃以上，春、夏、秋均可播种，可采用直播或育苗移栽，每穴下种3～5粒，覆土2～3cm，每穴2株，密度6000～8000株/亩。生长旺盛，管理简便，适当增施肥水。适宜一次刈割，刈割最佳时期为播种后70d左右，即抽雄期及时刈割产草量和营养价值均较高。

(3) 产量表现 2004年试验，密度为3000株/亩，生长快速，共刈割2次，鲜物质产量分别为5664kg/亩和2044kg/亩，第1次刈割产量比第2次高177％。2005年、2006年大区品种比较试验，播种后平均70d即可刈割，鲜产5000～6500kg/亩。2007年，生育期平均65～70d，平均亩产5500～6500kg。

4. 玉草3号

玉草3号是四川农业大学玉米研究所选育的玉米种子，用川单

29×068 作母本，用 TZ03（繁茂类玉米）作父本组配育成。

(1) 特征特性 种子黄色，千粒重 $270 \sim 290g$。植株生长繁茂，根系发达，茎秆粗壮，茎直立，不刈割时株高可达 4m 以上，主茎粗 $2.13 \sim 2.78cm$、叶片长 $80 \sim 118cm$、宽 $8.8 \sim 12.5cm$；雄花属圆锥花序，主轴长 $44.2cm$，分枝平均 34 个；雌花属穗状花序，雌穗多而小，分蘖 $3 \sim 5$ 个。玉草 3 号较耐旱，耐寒。

(2) 栽培要点 适宜春播，种植密度 $3000 \sim 3500$ 株/亩；及时中耕除草，防治地下害虫，雨季注意排涝；播种后 $80 \sim 90d$（抽雄始期）刈割最佳，可复种 $2 \sim 3$ 次。

(3) 产量表现 2010 年、2011 年在四川洪雅、阆中生产试验，3 个试验点单次平均亩产 $6559.7kg$，比同期种植的玉草 2 号增产 42.2%。经测定，叶片粗蛋白 17.11%、粗脂肪 3.12%、酸性洗涤纤维 47.26%、中性洗涤纤维 74.52%；茎秆粗蛋白 12.28%、粗脂肪 1.5%、酸性洗涤纤维 41.11%、中性洗涤纤维 64.95%。

二、饲草玉米的营养特性及其影响因素

1. 不同施氮量对饲草玉米产量和品质的影响

(1) 不同施氮量对饲草玉米产量和茎叶比的影响 试验研究发现，施氮量为 $150kg/hm^2$ 和 $450kg/hm^2$ 时，饲草玉米鲜草产量分别是 $7800kg/hm^2$ 和 $8500kg/hm^2$，均显著增加了鲜草总产量。在低氮和高氮条件下，第一次刈割分别相对于不施氮条件增产 47% 和 63%，第二次刈割分别增产 14% 和 67%，第三次刈割分别相对于不施氮条件增产 27% 和 49%。说明施氮对饲草玉米鲜草总产量有明显的增产作用，且高氮条件下的增产作用明显的高于低氮条件下。

饲草形态特征（主要是指茎叶比）也是影响其营养价值的重要因素之一。茎秆作为植物的支撑器官，其纤维含量明显高于叶。相反，叶的主要功能是吸收和利用太阳能，其纤维含量低，适口性好。因此茎叶的消化率相差较大，茎叶的比例与饲料的品质直接相关。在饲草玉米品种选育过程中，在不增加倒伏的情况下尽可能地

降低茎叶比将有助于改善饲草品质。

各处理单株鲜物质茎叶比最低1.78，最高2.76；干物质茎叶比最低6.14，最高14.60；单株鲜重最低23.84g，最高713.54g；干重最低11.77g，最高103.40g。施氮量为150kg/hm² 和450kg/hm² 时，均显著增加了饲草玉米单株的鲜重和干重。

（2）不同施氮量对饲草玉米养分含量的影响　饲草质量被定义为影响动物对饲料利用的总的植物成分，而植物成分主要包括细胞内含物和细胞壁。细胞内含物是几种可溶性化合物（包括蛋白质、可溶性碳水化合物和维生素），大多是极易消化的。而细胞壁承担着支撑和保护植物的功能，因而含有较多的纤维成分，不利于动物的消化和利用。粗蛋白、粗脂肪含量和纤维含量直接决定饲草质量的高低。

茎鞘粗蛋白含量最低3.80%，最高9.05%；叶片粗蛋白含量最低11.26%，最高15.50%。粗蛋白含量是饲草玉米重要的品质成分，其含量直接决定饲草玉米的营养价值。施氮量为150kg/hm² 和450kg/hm² 时，均显著增加了饲草玉米茎鞘中粗蛋白含量，在450kg/hm² 时茎鞘粗蛋白含量最高，而对叶片粗蛋白含量没有显著影响。粗脂肪含量，茎鞘中最低为0.86%，最高为2.50%；叶片中最低为0.81%，最高为2.94%。酸性洗涤纤维含量，各处理茎鞘中最低为41.22%，最高为59.34%；叶片中最低为42.92%，最高49.56%；中性洗涤纤维含量，各处理茎鞘中最低为63.65%，最高为74.76%；叶片中最低为68.59%，最高71.97%。

（3）不同施氮量对饲用价值的影响　干物质消化率和相对饲用价值是饲草玉米的重要性状，是饲草玉米饲用品质的重要性状。酸性洗涤纤维含量，各处理茎鞘中最低为46.51%，最高为64.40%；叶片中最低为55.36%，最高为63.56%；中性洗涤纤维含量，各处理茎鞘中最低为57.87%，最高为94.11%；叶片中最低为71.55%，最高为84.44%。施氮量为150kg/hm² 和450kg/hm² 时，对第一次刈割时茎鞘和叶片中体外干物质消化率和相对饲用价值含量没有显著影响，而显著增加了第二次刈割时茎鞘和叶片中体外干物质消化率和相对饲用价值含量，且在施氮量为 $450kg/hm^2$ 时含量最高，分别达到 64.40% 和 94.11%（贾婷，2009）。

2. 氮素形态对饲草玉米营养价值的影响

(1) 氮素形态对饲草玉米产量的影响　在第一次刈割时，随着硝态氮比例的增加，饲草玉米鲜草总产量均显著增加，当铵态氮和硝态氮的比例为 1：1 时，鲜草总产量达到最大值。说明，同时施铵态氮和硝态氮时，有利于提高饲草玉米鲜草总产量，且随着硝态氮比例的增加，饲草玉米鲜草总产量越高，当铵态氮和硝态氮的比例为 1：1 时，产量最高。

(2) 氮素形态对养分含量的影响　在第一次刈割时，随着硝态氮比例的增加，饲草玉米茎鞘粗蛋白含量均显著增加，而叶片粗蛋白含量变化不明显。当铵态氮和硝态氮的比例为 1：0.75 或 1：1 时达到最大值。饲草玉米茎鞘粗脂肪显著降低，在不施硝态氮时粗脂肪含量最高，而叶片粗脂肪含量差异不明显。随着硝态氮比例的增加，显著增加了饲草玉米茎鞘中酸性洗涤纤维和中性洗涤纤维的含量，对饲草玉米叶片酸性洗涤纤维和中性洗涤纤维的含量没有显著影响。当铵态氮和硝态氮的比例为 (1：0.5)～(1：1) 时，茎鞘中酸性洗涤纤维和中性洗涤纤维的含量最低，有利于提高饲用品质。第一次刈割时茎鞘中干物质体外消化率最低是 53.53%，最高是 60.94%；叶片中最低是 60.15%，最高是 63.56%；相对饲用价值茎鞘中最低是 73.39，最高是 82.07；叶片中最低是 79.30，最高是 84.12。

三、饲草玉米的利用技术

案例

墨西哥玉米结构日粮对五龙鹅的氮平衡及钙磷消化率的影响

(1) 材料与方法　试验动物选择 9 月龄健康快长系五龙公鹅。

干草粉由优质风干全株墨西哥玉米粉碎而成，风干样品中含10.17%的粗蛋白、23.0%的粗纤维、0.25%的蛋氨酸、0.59%的赖氨酸，营养价值高，适口性好。

试验阶段预试期3d，禁食1d，正试期4d。单笼饲养，自由饮水，限食。禁食前2d饮电解多维水。试验鹅分成4组，每组设8个重复。以优质墨西哥玉米干草粉为纤维素源，分别给予粗蛋白、代谢能水平相同，粗纤维水平不同的日粮。各组粗纤维含量分别为6.02%、6.86%、8.66%、10.41%。

(2) 结果与分析

① 粗纤维水平对于物质消化率的影响。各组干物质表观消化率见表2-17。统计结果显示：A组与其他各组干物质表观消化率差异显著（$P < 0.05$），B、C组之间差异不显著（$P > 0.05$），D组与其他各组差异显著（$P < 0.05$）。随着日粮粗纤维水平的升高，干物质表观消化率逐渐降低，呈强负相关（$r = -0.9177$），表明粗纤维水平对于干物质的表观消化率有较大的负面影响。

表2-17　各组干物质表观消化率

组别	粗纤维水平/%	干物质摄入总量/g	干物质排出总量/g	干物质表观消化率/%
A	6.02	560	100.40±4.53	82.07±0.81
B	6.86	560	113.90±1.15	79.66±0.21
C	8.66	560	112.69±2.83	79.88±0.51
D	10.41	560	132.64±2.82	76.31±0.50

② 粗纤维水平对粪中 NH_4^+-N 的影响。各组粪样中 NH_4^+-N 的浓度见表2-18。正试期中每一天组间 NH_4^+-N 的浓度差异均不显著（$P > 0.05$）；从正试期4d粪中 NH_4^+-N 平均浓度来看，除B组稍高外，其他各组 NH_4^+-N 浓度随日粮粗纤维水平的升高而降低，差异不显著（$P > 0.05$）；B组浓度高于D组，差异显著（$P < 0.05$）。

粗纤维水平与粪中 NH_4^+-N 浓度呈强负相关（$r = -0.85059$），表明日粮中粗纤维水平升高，粪样中的 NH_4^+-N 浓度降低。

表 2-18　各组粪样中 NH_4^+-N 浓度比较　　　单位：mg/kg

组别	粗纤维水平/%	试验时间/d				平均
		1	2	3	4	
A	6.02	53.05±9.09	64.32±8.72	76.94±41.40	63.07±11.56	65.91±8.68[ab]
B	6.86	58.01±3.52	78.74±3.39	65.19±20.99	67.26±2.53	67.30±7.44[a]
C	8.66	50.52±5.61	69.13±9.52	67.91±11.69	67.29±8.95	62.95±7.40[ab]
D	10.41	42.67±7.50	62.70±20.33	39.65±7.74	61.06±19.09	49.46±9.07[b]

注：同列小写字母不同表示试验组间差异显著（$P < 0.05$）。

③ 粗纤维水平对氮平衡的影响。如表 2-19 和图 2-1，各组的沉积氮和氮总消化率差异不显著（$P > 0.05$），粗纤维水平与氮总消化率的相关系数（$r = -0.2211$）、纤维水平与氮沉积量的相关系数（$r = -0.1550$）都呈弱负相关，表明粗纤维水平对于氮平衡没有明显的负面影响。

表 2-19　各组氮总消化率

组别	粗纤维水平/%	试验时间/d				平均
		1	2	3	4	
A	6.02	46.85±2.56	51.58±1.01	47.26±4.19	40.26±4.81	46.49±4.04
B	6.86	41.12±1.56	45.25±1.99	38.79±5.22	34.05±1.89	39.80±4.05
C	8.66	45.98±2.46	55.41±0.35	39.43±4.00	44.61±1.42	46.36±5.77
D	10.41	42.27±0.19	45.53±0.39	43.70±1.28	34.88±4.38	41.60±4.05

④ 粗纤维水平对五龙鹅的钙、磷消化率的影响。各组钙、磷表观消化率见表 2-20。钙的表观消化率组间差异不显著（$P >$

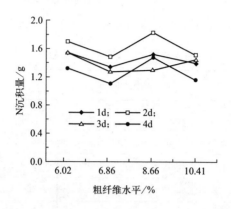

图 2-1　各组氮沉积量

0.05)；磷的表观消化率随着粗纤维水平的提高而提高，B、C 组之间和 C、D 组之间差异不显著（$P>0.05$），A、B、D 组之间差异显著（$P<0.05$）。粗纤维水平和磷表观消化率呈强正相关（$r=0.89557$）；粗纤维水平和钙的表观消化率呈中等正相关（$r=0.49236$），表明粗纤维水平对钙、磷表观消化率有积极影响。

表 2-20　正试期各组钙、磷表观消化率

组别	粗纤维水平/%	日粮钙含量/%	日粮磷含量/%	粪干重/g	钙消化率/%	磷消化率/%
A	6.02	0.80	0.40	132.48±6.30[c]	13.99±2.38[c]	75.07±3.35[a]
B	6.86	0.81	0.41	150.06±0.84[bc]	24.72±2.43[b]	77.75±0.28[a]
C	8.66	0.81	0.40	162.20±18.63[ab]	29.72±4.26[ab]	77.27±3.81[a]
D	10.41	0.82	0.41	174.60±5.28[a]	31.96±5.45[a]	77.12±3.69[a]

注：同列小写字母不同表示试验组间差异显著（$P<0.05$）。

（3）结论

①饲料中的粗纤维可刺激消化道黏膜，促进胃肠蠕动和粪便的排泄，致使物质在消化道中的停留时间缩短；粗纤维对日粮的稀释作用影响了干物质和胃肠道的充分接触；粗纤维还是细胞壁的构

成成分，可在一定程度上影响细胞内容物中其他营养物质与消化酶的接触，影响干物质的消化吸收，这有可能是本次试验干物质消化率有所降低的主要原因。

②饲粮中粗纤维水平为 6.02%～10.41% 时，五龙鹅的磷消化率随着粗纤维水平的提高而提高，说明墨西哥玉米中的植酸磷可能较易为机体消化吸收；一般动物对植酸磷的利用率较低，雏鸡对植酸磷的利用率仅为磷酸氢钙的 10%，但反刍动物的瘤胃中含有能产生植酸酶的微生物，所以能较好地利用饲料中的植酸磷。鹅的盲肠中也可能含有相应的微生物，它们能较好地利用植酸磷。粗纤维的增多，使微生物的活力增强。以上几个方面可能是磷表观消化率升高的主要原因。

第三节　狼尾草属牧草

一、优质狼尾草属牧草品种

1. 中型狼尾草

中型狼尾草为上繁性牧草，叶量大，喜暖，旱中生到中生。多年生疏丛型，高草，须根系具横走根茎。

(1) 特征特性　中型狼尾草叶片线形，扁平或对折，有时边缘外卷，长 5～55cm、宽 4～11mm。穗状圆锥花序柱形，直立或稍弯曲，排列较疏松，长 5～15cm、宽 4～8mm（刚毛除外），花序主轴多少有毛，小穗单生，有时 2～3 枚簇生，易脱落，长 3～4mm，其下常有与其一道脱落的刚毛所围成的总苞，且残留在主轴上的总梗极短。刚毛较粗壮，暗紫色，老后黄褐色，长 10～15mm；第一颖长 1～1.5mm，第二颖长为小穗的 1/2～3/4，第一小花中性，第一外稃与小穗等长，内稃膜质或退化；第二小花两性，雄蕊 3 枚，花药橘黄色；花柱基部联合，上部 2 裂，柱头羽毛状，于小穗顶端伸出。

中型狼尾草习生于干燥的山坡、路旁、地埂。土壤从褐红壤至褐土，pH4.5～8.0。分布区的降水量为 600～1500mm，年均气温 12～22℃，相对湿度 53%～79%，日照 1250～2250h。种子成熟后，无明显休眠期，易建植，并很快形成群落，抑制其他杂草入侵。

（2）栽培要点　播前要求整地。在昆明 5 月下旬，雨季前播种，华中及黄土高原 4 月下旬播种。播种前种子要除刚毛。条播，行距 35～40cm，覆土 1cm，施种肥 150kg/hm²。出苗后，缺水时灌溉 1 次，全生育期灌水 2～3 次，刈割应在孕穗至初花期为宜，留茬高 5cm，每次刈割后追施氮肥 300～450kg/hm²。收种子在 10 月中、下旬。

（3）产量表现　孕穗至抽穗期茎叶比为 58:42，第二年抽穗至开花期的茎叶比为 1:1，植株含水量较大（一般为 65%），牲畜喜食其嫩叶。中型狼尾草开花以前粗蛋白质含量较高，成熟后下降较快。中型狼尾草在旱地上种植，每公顷产干草 4200kg，第二年可达 19500kg。在水肥较充足的土壤上种植，每公顷可产干草 15.87t（刈 4 次）。中型狼尾草拔节孕穗期粗蛋白含量 10.05%，富含赖氨酸（约达 1.17%）。

2. 牧地狼尾草

牧地狼尾草分布于热带美洲及热带非洲，但已引入许多国家。我国台湾及海南已引种归化，常见于山坡草地。

（1）特征特性　多年生草本植物。根茎短，秆丛生，高 50～150cm。叶鞘疏松，有硬毛，边缘具纤毛；叶舌为一圈长约 1mm 的纤毛；叶片线形，宽 3～15mm，多少有毛。圆锥花序为紧圆柱状，长 10～25cm、宽 8～10mm，黄色至紫色，成熟时小穗丛常反曲；刚毛不等长，外圈者较细短，内圈者有羽状绢毛，长可达 1cm；小穗卵状披针形，长 3～4mm，多少被短毛；第一颖退化；第二颖与第一外稃略与小穗等长，具 5 脉，先端 3 丝裂，第一内稃之二脊及先端有毛；第二外稃稍软骨质，短于小穗，长约 2.4mm。

牧地狼尾草喜光照充足的生长环境，耐旱、耐湿，亦能耐半阴，且抗寒性强。适合温暖、湿润的气候条件，当气温达到 20℃以上时，生长速度加快。耐旱，抗倒伏，无病虫害。

（2）栽培要点 采用种子繁殖，由于种子小，幼芽顶土能力差，整地的好坏对出苗影响很大。因此整地要精细，利于出苗。当温度稳定达到 15℃时播种为宜，在 5 月上、中旬播种。播种时要让土壤水分适宜，播后覆土深度 1.5cm 左右。播种后 5～6d 即可出苗。条播，亩播量 0.7～1.0kg，行距 50cm；也可以育苗移栽，5～6 张叶片时移栽到大田。移栽密度为每亩 4000～5000 株，行距 45cm、株距 20～25cm。

（3）产量表现 干草产量 4180.02kg/hm^2。在甘肃兰州地区引种结果，水肥条件下干草产量 7219.33kg/hm^2。拔节孕穗期粗蛋白 16.50%、赖氨酸 0.52%。草质柔软，适口性好，动物喜食嫩枝，干草可加工作精饲料。

3. 铺地狼尾草

原产于东非高原和山地，是矮生和深根型多年生禾本科植物。铺地狼尾草靠根茎和匍匐茎扩展可形成致密的草层，比雀麦或无芒虎尾草的生长还要快。

（1）特征特性 多年生草本植物。根茎发达，具有长匍匐茎，走茎节间短小，到处生根蔓延。叶鞘大多重叠，稍松弛，长于节间，无毛，边缘一侧有长纤毛；叶片长 4～5cm、宽 2～2.5mm，多少有毛。花序由 2～4 个小穗构成，包藏在上部叶鞘中，仅柱头、花药伸出鞘外；刚毛短于小穗，粗糙或具纤毛；小穗线状，长可达 15mm，有长短不同的刚毛与毛茸衬托；第一颖膜质，圆头，长约 6mm，包围小穗基部；第二颖三角形，与小穗等长，具 13 脉；第一外稃与小穗等长；第二外稃软骨质，但不坚硬；花柱细长，外露。

铺地狼尾草有很强的侵占性，生长低矮，靠匍匐的根茎蔓生，在低修剪条件下能形成致密的草皮。其耐阴性中等，枝丛较坚硬，形成的草坪粗糙，较耐践踏，但抗旱性、耐热性和耐寒性比大多数暖季型草坪差，在 900mm 年降水量条件下生长不良，在无霜冻的地区生长良好。适合其生长的土壤最适 pH 为 6.0～7.0，不耐盐碱。增施氮肥及氮肥充足时，抗寒性会加强。

（2）栽培要点 铺地狼尾草种子产量不高。多采用营养繁殖，有时也用种子繁殖。播种前要精心整地，幼苗抗杂草能力较弱。单播播种量每公顷为 2～4kg。耐粗放管理，草坪修剪较难，一般修剪高度为 1.3～2.5cm。不经常修剪会形成芜枝层，易染叶斑病，而对其他病害有较强抗性。营养繁殖比例为 1∶7。

（3）产量表现 铺地狼尾草鲜草中粗脂肪、粗蛋白、粗纤维、无氮浸出物和灰分的含量高，营养丰富，是一种高档的饲料牧草，为牛、羊、兔、鹅、鱼等动物所喜食。同时，也是狼尾草属中唯一用于草坪的草种。

4. 杂交狼尾草

杂交狼尾草是以二倍体美洲狼尾草和四倍体象草交配产生的三倍体杂种，其后代不结实，生产上通常用杂交一代种子繁殖或无性繁殖。杂交狼尾草茎叶柔嫩，适口性好，食草家畜和鱼类均喜采食。该品种是一种热带型牧草，在长江中下游种植，一般产鲜草 15 万千克/hm²，且鲜草粗蛋白质含量高，氨基酸比较平衡，是喂养禽畜和鱼类的优质饲料。近年来种植面积发展很快。

（1）特征特性 株型紧凑，高约 300cm，根系发达，分蘖 11.2 个，最多达 15～20 个，成穗茎蘖 4～5 个。茎直立、圆形；主茎叶片 20 多片，披针形，长 60～70cm，单株粒重 75.49g，种子千粒重 7.0g，籽实灰色，米质粳性，可食用，更是优质精料。生育日数 130d，籽实收获后，秸秆仍保持绿色，可调制青贮，或作粗饲料利用。狼尾草的青草亩产量为 10000～15000kg。

孕穗前期刈割的鲜草干物质中，粗脂肪、粗蛋白、粗纤维、无氮浸出物和灰分的含量分别为 4.2%～4%、15.4%、35%～36%、

23.8％～26.4％和7％～10.5％，籽实中粗脂肪和粗蛋白含量分别为6.9％和10.6％。狼尾草适合温暖、湿润的气候条件，当气温达到20℃以上时，生长速度加快。耐旱，抗倒伏，无病害发生，适宜多次刈割、饲喂食草动物和鱼类。

（2）栽培要点　播种时要掌握土壤水分适宜，播后覆土深度1.5cm左右。播种后5～6d即可出苗。一般采用条播，亩播量0.7～1.0kg，行距50cm；也可以育苗移栽，5～6张叶片时移栽到大田。移栽密度为每亩4000～5000株。行距45cm、株距20～25cm。

（3）产量表现　杂交狼尾草茎叶柔嫩，适口性好，食草家畜和鱼类均喜采食。杂交狼尾草营养价值较高，营养生长期株高为1.2m时，在茎叶干物质中分别含粗蛋白质10％、粗脂肪3.5％、粗纤维32.9％、无氮浸出物42.4％、粗灰分10.2％。用作青饲料，每年刈割5～6次。除青刈外，也可以晒制干草或调制青贮料。

5. 皇竹草

皇竹草，又称粮竹草、王草、皇竹、巨象草、甘蔗草，为多年生禾本科植物，由象草和美洲狼尾草杂交选育而成，属四碳植物。因其叶长茎高、秆形如小斑竹，故名称皇竹草，是一种新型高效经济作物。

（1）特征特性　直立丛生，具有较强的分蘖能力，单株每年可分蘖80～90株，堪称草中之皇帝。皇竹草属须根系植物，须根由地下茎节长出，扩展范围广。株高4～5m，茎粗4cm，节间较短，节数为20～25个，节间较脆嫩，节突较小。分蘖多发生于近地表的地下或地上节，刈割后分蘖发生较整齐、粗壮，春栽单株分蘖可达20～25根。与象草相比，皇竹草的叶片较宽、柔软，叶色较浅，绿叶数多2～3片。皇竹草以无性繁殖为主，只要是有芽的节，用芽即可繁殖。此外，皇竹草具有较强的抗逆性，如耐酸性、耐高温、耐干旱、耐火烧等，但不耐水涝。全国大部分地区都可栽种。

（2）栽培要点　作饲料栽培，亩栽 2000～3000 株；作围栏、护堤，株距 40cm。可重施有机肥和氮肥，皇竹草耐肥性极强，为加快生长及提高产草量，可增加施肥次数和数量，并满足其对水分的要求。栽植，用较粗壮、芽眼突出的节茎、种苑和分蘖为繁殖材料。每节（芽）蘖为一个种苗。节（芽）可平放，也可斜放或直插，入土 7cm，保持土壤湿润，10～20d 可出苗。用分蘖栽植，深度 7～10cm，栽后及时追肥，以促进成活和生长。生长前期加强中耕除草，适时浇水和追肥。作为青饲料栽培，当株高 80～200cm 时即可刈割利用。每年刈割 4～8 次，每刈割一次施一次肥料，每亩施用尿素 25kg 或碳酸氢铵 50kg。喂饲大型草食动物，可让植株长得高大一些再刈割；喂饲小型草食动物，可刈割嫩叶或加工成草粉。

（3）产量表现　竹草的优点为产量高，竞争力强，收获期青割适口性良好。肥水条件越好，越能发挥高产优势，以宿根草计算全年产量，亩产可达 20t 以上。叶量较多，叶质柔软，茎叶表面刚毛少，脆嫩多汁，适口性和饲料利用率都比象草高。皇竹草的粗蛋白质 16.3%，可溶性糖含量较高，这对提高家畜的适口性有良好作用。

6. 甜象草

甜象草属于禾本科狼尾草属植物，是一种新型高蛋白高产牧草。

（1）特征特性　甜象草植株高大，株高一般 2～3m，高者可达 5m 以上。其根系发达，具有强大伸展须根，多分布于深 40cm 左右的土层中，最深者可达 4m，在温暖潮湿季节，中下部茎节能长出气生根；茎丛生、直立、有节、直径 1～2cm、圆形；分蘖多，通常达 50～100 个；叶互生，长 40～100cm、宽 1～3cm，叶面具茸毛；圆锥花序呈黄褐色或黄色，长 15～30cm，每穗有小穗 250 多个，每小穗有花 3 朵；种子成熟时容易脱落，种子发芽率很低，实生苗生长极为缓慢，故通常采用无性繁殖，即像甘蔗一样用种茎栽培。甜象草好高温，喜水肥，不耐涝。对土壤要求不严，在沙土、黏土和微酸性土壤中均能生长，但以土层深厚、肥沃疏松的土壤最为适宜。

（2）栽培要点　甜象草分蘖能力极强，生长快，采用种茎繁殖，每亩用芽节 1500 个左右，种植一年后全部收获的芽节可以扩种到 500 亩左右，种植一次可以连续采收 7 年，7 年后再采取自繁的芽节接着种植，成功引种一次即可无限循环生产，不需要再次引种。育苗时间：北方，4～10 月可育苗；南方，可在全年任何时候育苗。栽培时间：有霜地区，一般在 3～10 月份为最佳栽培时期；也可随时育苗随时移栽。根据植株栽培的目的、用途不同，栽培的株行距也不同。作青饲料栽培应密些，亩 2000～3000 株，株行距为 50cm×66cm 或 33cm×66cm；作种节繁殖、架材、观赏，栽培应稀些，每亩 800～1000 株，株行距为 80cm×100cm 或 70cm×90cm；作围栏、护堤、护坡用的应更密些，其株距 33cm×40cm 为好；对不规则的坡地、山地视具体情况而定，如光照不足地块宜稀植。

（3）产量表现　甜象草具有适应性强、繁殖快、产量高、质量好、利用期长等特点，每年可收割 6～8 次，每亩产量 15t 左右，最高可达 30t。

7. 象草

禾本科、黍族多年生丛生大型草本植物，常具地下茎。秆直立，高可达 4 米，叶鞘光滑或具疣毛；叶舌短小，叶片线形，扁平，质较硬，上面疏生刺毛，下面无毛，边缘粗糙。圆锥花序；主轴密生长柔毛，刚毛金黄色、淡褐色或紫色，生长柔毛而呈羽毛状；小穗披针形，近无柄，脉不明显；花药顶端具毫毛；花柱基部联合。叶片筒状、壁厚。8～10 月花果期。

（1）特征特性　象草生态适应性很强。一般可耐 37.9℃ 的高温和忍受冬季 1～2℃、相对湿度 20%～25% 的寒冷干燥气候条件，没有死亡现象。象草在沙土和黏土中均能生长，且抗土壤酸性能力强，在 pH4～5 的红壤土中种植，比苏丹草、坚尼草、高粱、玉米、甘蔗等饲料作物的适应性强。

(2) 栽培要点 选择排灌方便、土层深厚、疏松肥沃的土地种植。在坡地上种植不用起畦，在水田种植则以宽 1m 左右起畦，同时要施入充足的有机肥作底肥，一般每亩 1500～2500kg。象草对种植时期要求不严，在平均气温达 13～14℃时，即可用种茎繁殖，在广东、广西为 2 月份，湖南长沙为 3 月份。种植时要选择生长 100d 以上的茎秆做种茎，按 3～4 个节切成一段，每畦 2 行，株距 50～60cm，种芽向上斜插，出土 2～3 个节。或将种茎平放，芽向两侧，覆土 5～7cm。也可挖穴种植，穴深 15～20cm，种茎斜插，每穴 1～2 苗，每亩用种茎约 100～200kg。肥水充足是象草高产的关键。生长前期要及时中耕锄草。每次刈割后，也应及时中耕松土追肥，一般株高 100～120cm、距地面 20cm 左右刈割较为适宜。象草结实率和发芽率均低，一般在生产上采用茎秆进行无性繁殖。在冬季温暖地区种茎可在留种地里自然过冬，在冬季温度较低地区则需要采取过冬措施。

二、狼尾草的营养特性及其影响因素

1. 不同前作对杂交狼尾草产量和品质的影响

(1) 不同前作下杂交狼尾草的干物质产量和茎叶比 第 1 次刈割时各茬口的干物质产量差异显著，第 2 次刈割时多花黑麦草茬和黑麦茬的杂交狼尾草干物质产量差异不显著，但显著高于小麦茬，第 3 次刈割时 3 种复种方式下杂交狼尾草干物质产量差异不显著。3 次刈割中以第 2 次刈割的产量最高。黑麦茬和多花黑麦草茬的总干草产量差异不显著，但显著高于小麦茬。黑麦茬的杂交狼尾草总的干物质产量最高可能是因为移栽比较早、生育期较长积累的干物质较多，而多花黑麦草茬产量高则是因为种植多花黑麦草后增加了土壤有机质和速效养分，因此干物质产量较高。

第 1 次刈割后，杂交狼尾草再生植株的干物质增长速率，刈割后 14～28d 小麦茬的最低，为每天 17.6g/m²，多花黑麦草茬和黑麦茬的分别为每天 20.8g/m² 和 22.5g/m²。刈割后 28～35d，小麦茬增长速率为每天 52.3g/m²，明显低于多花黑麦草茬（每天 60.9g/m²）和黑麦茬（每天 58.4g/m²），几乎为前期的 3 倍。第 2 次再生植株的干物质增长速率比第 1 次再生植株低。这主要是因为后期光热资源不足，使杂交狼尾草生长缓慢，而较多的小分蘖和较低的叶面积指数对生长产生了负面影响，从而使得第 2 次刈割后的干物质产量明显小于第 1 次刈割。

杂交狼尾草 2 次再生植株茎叶比随时间而增加。从刈割到刈割后 28d 茎叶比较小，增加也较慢，3 种茬口的茎叶比基本无差异。自刈割后 28d 到刈割后 35d，茎叶比增长较快，茎叶比较大。2 次刈割后再生植株茎叶比都是小麦茬最大，多花黑麦草茬最小。第 1 次刈割后 35d（第 2 次刈割前）小麦茬的茎叶比显著高于多花黑麦草茬。第 2 次刈割后再生植株茎叶比差异不显著。刈割后 28d 内，2 次再生茎叶比差异不大，到刈割后 35d，第 2 次再生植株茎叶比明显小于第 1 次再生植株，这是因为第 1 次刈割后再生植株高大，气候条件较好，茎生长充分；而第 2 次刈割后再生植株小分蘖多，植株较矮，气候条件差，因此茎叶比较低。

(2) 不同复种方式对杂交狼尾草品质的影响　小麦-杂交狼尾草复种方式鲜干比，第 1 次刈割为 7.26，第 2 次为 8.58，第 3 次为 5.24。多花黑麦草-杂交狼尾草复种方式，三次刈割鲜干比依次为 8.36、9.01、6.25；前作黑麦时，鲜干比依次为 7.52、8.79、5.39。可见，不同复种方式下，杂交狼尾草鲜干比和茎叶比都是随着刈割次数的增加先增加后减小，鲜干比增加，茎叶比减小，杂交狼尾草叶片含水量增加，叶片所占的比例增大，从而叶多质嫩，纤维含量低，适口性好。多花黑麦草茬的杂交狼尾草鲜干比最大，其次是黑麦茬，小麦茬的杂交狼尾草鲜干比最小，但是三者差异不显著（朱练峰等，2006）。

前作小麦时茎叶比，第 1 次刈割为 0.42，第 2 次为 0.56，第 3 次为 0.41；前作多花黑麦草时，三次刈割茎叶比依次为 0.27、

0.38、0.35；前作黑麦时，茎叶比依次为0.40、0.50、0.36。第1次、第2次刈割时，多花黑麦草茬的杂交狼尾草茎叶比显著低于小麦茬的。第3次刈割时，3种复种方式下杂交狼尾草茎叶比差异不显著。在第1次刈割到第2次刈割之间是杂交狼尾草生长最旺盛的阶段，因此鲜干比和茎叶比较大。

不同前作和刈割情况下，杂交狼尾草粗蛋白含量15.58%～17.61%、粗蛋白产量371.9～1039.4kg/hm²、粗脂肪含量3.51%～4.07%、中性洗涤纤维57.6%～64.8%、酸性洗涤纤维19.9%～30.0%、粗灰分4.9%～6.4%、相对饲喂价值94.7～118.5。在各次刈割中，不同前作下杂交狼尾草的粗蛋白、粗脂肪、中性洗涤纤维、酸性洗涤纤维、粗灰分和相对饲用价值等指标差异都不显著，只是由于不同茬口干草产量差异较大，导致粗蛋白产量差异也相应达到显著水平。可见，不同茬口对杂交狼尾草的营养品质影响不大，但是多花黑麦草茬的品质略好。

2. 施氮水平对杂交狼尾草产量和品质的影响

(1) 对杂交狼尾草产量的影响 氮肥对杂交狼尾草的分蘖数具有显著的促进作用。施氮与不施氮相比，施氮可极显著地提高杂交狼尾草的分蘖数。但在本试验施氮量范围内，不同施用量对杂交狼尾草分蘖数的影响不显著。氮肥对杂交狼尾草的株高也具有显著的促进作用，且施用量愈大，对株高的影响也愈大。氮肥能显著提高杂交狼尾草的鲜、干草产量，而且施氮量越高，杂交狼尾草的鲜、干草产量也越高。在施氮量为450kg/hm²时，杂交狼尾草的最高鲜草产量可达110.82t/hm²、干草产量可达14.31t/hm²。

(2) 对杂交狼尾草干物质和粗蛋白含量的影响 杂交狼尾草的干物质积累总量、粗蛋白质产量和氮素积累总量，都是随着施氮量的提高而逐步提高，分别提高了37.60%、71.09%和71.09%，说明随着施氮量的提高，杂交狼尾草的粗蛋白质产量和氮素积累总量比干物质积累总量增长幅度更大。牧草以茎叶为收获对象，茎叶中粗蛋白含量的高低直接关系到对草食动物的饲用效果。随着施氮量的提高，杂交狼尾草的粗蛋白含量逐步提高。试验期间总共进行了6次刈割，各次刈割之间粗蛋白含量差异不显著，平均粗蛋白含量分别为10.17%。株高、鲜草产量、干草产量和粗蛋白含量与施氮量呈显著相关（黄勤楼等，2009）。

3. 刈割频率和方式对杂交狼尾草产量和品质的影响

（1）刈割频率对植株刈割产量的影响　从扦插至试验结束的6个月中，杂交狼尾草重肥区的60d刈割周期处理总生物量比45d刈割周期处理低，差异显著。因为杂交狼尾草的对数生长末期在45d左右，45d以后植株生长趋缓，生物量累积率不快，经计算30d、45d和60d刈割频率的杂交狼尾草在整个生长季中的平均产量分别为193.48t/hm^2、269.75t/hm^{2}和237.77t/hm^2（林永辉等，2006）。

在试验初期和末期分别对不同刈割频率的植株分蘖数进行测量。结果表明，刈割频率为45d和60d，试验末期的植株分蘖数比试验初期增加了40.48～65.89；施肥处理对小区分蘖数没有本质影响，而刈割频率为30d的各处理小区，植株分蘖数增幅呈负增长，并与45d和60d处理差异明显，表明这种刈割频率影响植株的恢复生长，植株表现也呈衰落状态。从植株刈割到再生长，需要通过休牧或休割才能补充饲草赖以生长的能源，不了解多年生牧草的能量维持与放牧管理间的关系将使放牧资源受到损失和破坏，最终导致草地的生产力受到严重的削弱。

（2）刈割频率对植株茎叶比的影响　牧草植株的茎叶比大小直接影响草食动物的采食率。对植株分蘖数的测定结果表明，在相同的品种与施肥处理下，延长刈割周期使植株的茎叶比提高：30d刈割周期处理的各植株茎叶比在0.93～1.22，45d处理的在1.37～1.71，而60d处理的在1.77～1.93。在相同的刈割频率下，品种或施肥多少对植株茎叶比的影响较小。总之，60d刈割周期生物量减少、茎叶比增加，影响草食动物的畜牧利用率，45d刈割周期处理的杂交狼尾草产量和生长性状对畜牧利用比较理想。

（3）刈割方式对株高的影响　刈割方式分为平割和斜割（切口

与茎秆纵轴线夹角约为45°），留茬高度分为5cm、12cm、20cm。设6个处理：A—5cm平口；B—12cm平口；C—20cm平口；D—5cm斜口（切口下端距地面距离）、E—12cm斜口；F—20cm斜口。第1次刈割时，植株高度为38cm左右，各处理株高处于同一水平。以此时的株高为基础，分析各次刈割时的株高变化。二刈时，各处理株高随留茬高度递增，其中处理C、E、F的株高达到了本生长季节的最大值。依处理A至F的顺序，各处理株高净增量（刈割时株高减去一刈时株高，再减去超过5cm的留茬高度）分别为52.22cm、68.27cm、78.63cm、62.9cm、76.17cm、81.7cm。表现留茬高，植株生长快，斜口较平口生长还要快。三刈时，各处理株高净增33.6cm、28.97cm、36.8cm、35.0cm、35.63cm、36.1cm。增幅较一刈后下降，下降幅度为18.62～45.6cm。斜口刈割，各处理株高净增量在35.5cm左右，相对稳定。四刈时，处理A、B、D的株高达到了本生长季节的最大值，处理C、E、F的株高为本生长季节的第2个峰值。各处理株高净增71.7cm、71.87cm、69.66cm、63.3cm、70.27cm、56.87cm。平口刈割各处理株高净增量在70cm左右，相对稳定。五刈时，各处理株高净增41.56cm、42.93cm、42.03cm、50.87cm、50.37cm、43.63cm。平口刈割增幅小于斜口，且平口刈割各处理增幅相当，斜口刈割处理F增幅小于其他2个处理。六刈时，各处理株高净增48.56cm、35.03cm、36.83cm、40.2cm、41.53cm、26.87cm。

　　总体讲，株高在各刈割期呈现低-高-低-高-低-低的变化，说明刈割对杂交狼尾草植株的生长有刺激作用，同时也有抑制作用，刺激和抑制作用交替发生。从第1次刈割后株高的极差看，处理A为38.1cm、B为42.9cm、C为41.83cm、D为28.3cm、E为40.54cm、F为54.83cm。处理D株高波动幅度最小，处理F最大。从第1次刈割后株高的净增量看，处理A为247.64cm、B为247.07cm、C为263.95cm、D为252.27cm、E为273.97cm、F

为 245.17cm。处理 E 株高净增量最大。对应留茬高度平口刈割与斜口刈割相比较，处理 A、B 株高净增量低于处理 D、E，处理 C 高于处理 F。留茬高、低对植株顶端生长优势的影响程度不同，切口方式则对植株的损伤程度有差异，切口与留茬高度对植株生长的抑制作用，处理间有不同反应。所以，各处理刈割后的恢复性生长能力和过程产生差异，株高就有了差异。

三、狼尾草的利用技术

案例 1

日粮中皇竹草粉含量对马岗鹅屠宰性能及肉质的影响

（1）材料与方法　将 21 日龄马岗鹅 240 只随机分成 A、B、C、D 4 组，每组 3 个重复，每个重复 20 只（公母各半）。粗饲料为皇竹草粉，实测得干物质为 90.66%、粗蛋白质 10.48%、粗脂肪 0.58%、粗纤维 32.54%、无氮浸出物 38.25%、钙 0.43%、磷 0.11%。A、B、C、D 4 组日粮分别添加 5.0%、12.6%、21.0%、28.0% 的皇竹草粉，日粮中能量和蛋白质含量基本相同，粗纤维含量不同。日粮组成及养分含量见表 2-21。

表 2-21　日粮组成及养分含量

原料组成	比例/%				营养指标	营养水平			
	A 组	B 组	C 组	D 组		A 组	B 组	C 组	D 组
玉米	54	53.5	54	42.5	禽代谢能/(MJ/kg)	11.61	11.57	11.55	11.56
次粉	21.9	11.5	2.3	4.8	粗蛋白质/%	14.57	14.54	14.55	14.54
豆粕	6.5	12.5	11	7	粗纤维/%	5.03	6.97	8.98	10.98
草粉	5	12.6	21	28	钙/%	0.8	0.85	0.83	0.81
菜粕	8.7	3.5	0	1.5	总磷/%	0.7	0.64	0.59	0.57
鱼粉	0	0.05	4.2	6	有效磷/%	0.44	0.42	0.43	0.43

原料组成	比例/%				营养指标	营养水平			
	A组	B组	C组	D组		A组	B组	C组	D组
石粉	0.5	0.6	0.4	0.3	赖氨酸/%	0.78	0.82	0.81	0.82
磷酸氢钙	1.8	1.8	1.3	1	(蛋+胱氨酸)/%	0.61	0.58	0.58	0.59
食盐	0.3	0.3	0.3	0.3					
DL-蛋氨酸	0.1	0.1	0.1	0.1					
L-赖氨酸	0.2	0.15	0	0					
预混料	1	1	1	1					

测定指标包括屠宰性能、滴水损失、嫩度。

(2) 结果与分析

① 屠宰性能测定。4 组马岗鹅日粮中添加不同比例皇竹草粉，屠宰率和胸肌率以 B 组最高，D 组最低；半净膛率、全净膛率和腿肌率以 A 组最高，D 组最低；腹脂率以 C 组最高，B 组、D 组相同，A 组最低。各组间屠宰性能差异均不显著（$P>0.05$）。综合分析看出，日粮中草粉含量少有利于屠宰性能的提高，见表 2-22。

表 2-22　马岗鹅屠宰性能

组别	屠宰率/%	半净膛率/%	全净膛率/%	胸肌率/%	腿肌率/%	腹脂率/%
A组	90.30±1.03	80.71±1.03	71.01±0.24	11.08±0.95	16.53±0.41	0.52±0.66
B组	91.10±1.07	79.93±1.07	70.55±1.00	11.41±0.78	16.46±0.38	3.88±0.84
C组	90.30±0.75	80.18±1.16	69.66±1.71	10.81±0.88	15.29±0.69	4.39±0.06
D组	90.14±0.30	79.35±0.91	68.96±0.74	10.59±0.73	15.19±0.12	3.88±0.61

② 常规肉品质。4 组马岗鹅日粮中添加不同比例皇竹草粉，嫩度值以 B 组最高、D 组最低；pH_{45min} 和 pH_{24h} 值以 D 组最高；滴水损失呈现先升后降趋势，以 B 组最高、D 组最低。各组间嫩度、pH 值、滴水损失差异不显著（$P>0.05$）（表 2-23）。综合分析看出，日粮中草粉含量高有利于提高肉的品质。

表 2-23　马岗鹅肉质指标

指标	A 组	B 组	C 组	D 组
嫩度/N	16.96±0.26	17.05±0.20	15.59±0.31	13.82±0.19
pH_{45min}	6.29±0.09	6.27±0.04	6.32±0.03	6.37±0.02
pH_{24h}	5.80±0.08	5.82±0.03	5.77±0.04	5.86±0.04
滴水损失/%	2.61±0.46	2.75±0.27	2.63±0.59	2.37±0.41

(3) 结论　本试验在马岗鹅日粮中分别添加 5.0%、12.6%、21.0%、28.0%的皇竹草粉，肌肉的嫩度、pH 值和滴水损失组间差异不显著，但添加 28.0%皇竹草粉的 D 组 pH_{45min} 和 pH_{24h} 值高，随着草粉添加量的提高嫩度有变好的趋势，滴水损失小。综合分析得出，日粮中较高的草粉有利于马岗鹅肉品质的提高。

案例 2

桂闽引象草对肉鹅屠宰性能和肉品质的影响

(1) 材料与方法　选取相同饲养模式下分别饲喂桂闽引象草和王草的两组肉鹅（70 日龄）16 只，每组每个重复选取公母各 1 只，于 2015 年 1 月在牧草研究试验场进行屠宰测定。试验根据饲喂的青饲料不同随机分为两组，选取体重相近的 21 日龄合浦杂交狮头鹅 40 只，分别饲喂桂闽象草和王草，每组分设 4 个重复，每重复5 只（2 公 3 母）。各组均采用相同的配合饲料，配合饲料设计参照美国 NRC（1994）建议的鹅的营养需要量，蛋白质含量 16.75%、粗纤维 9.87%、钙 1.04%、磷 0.65%、赖氨酸 0.7%、蛋氨酸＋胱氨酸 0.62%、代谢能 10.23%。青饲料部分足量供给，自由采食。试验鹅采取全舍饲养，白天地面平养，晚上网上平养，分别于8：00、12：00、14：30、18：00、21：00 时投喂饲料和青草，自由饮水。为了提高鹅对牧草的采食及利用效率，将刈割回来的牧草用铡草机切成 1～2cm，与精料混合饲喂或直接投喂。定期对鹅舍及饲槽、水槽进行消毒，保持各组试鹅管理和饲养水平相同。当两组试验鹅养至 70 日龄时进行屠宰测定。

测定宰前活体重、屠体重、半净膛重、全净膛重、胸肌重、腿肌重等，同时测定心脏、肝脏、腺胃、肌胃以及腹部和肌胃外脂肪重量。

（2）结果与分析

① 试鹅屠宰性能分析。屠宰性能直接反映了试验鹅的生长指标情况。从屠宰率指标来看：饲喂桂闽引象草组屠宰率为（91.10±6.02）%，较饲喂王草组（83.22±4.37）%高 9.47%，差异显著（$P<0.05$）。从半净膛率和全净膛率指标来看：饲喂桂闽引象草组半净膛率为（83.16±2.51）%、全净膛率为（73.11±2.79）%，较饲喂王草组半净膛率（78.67±3.82）%、全净膛率（68.07±3.83）%分别高出了 5.71% 和 7.40%，且差异显著（$P<0.05$）。从胸肌率和腿肌率指标来看，饲喂桂闽引象草组胸肌率为（5.63±0.91）%，较饲喂王草组胸肌率（4.01±1.20）%提高了 40.40%，差异显著（$P<0.05$），而饲喂桂闽引象草组腿肌率达（6.32±0.94）%，较饲喂王草组胸肌率（7.49±0.72）%降低了 18.51%，同样差异显著（$P<0.05$），这可能是由于饲喂桂闽引象草组试鹅的腿脂率比王草组高，进而引起相应的腿肌率下降所造成。从腹脂率指标来看：饲喂桂闽引象草组腹脂率为（0.60±0.72）%，较饲喂王草组腹脂率（0.45±0.08）%略有提高，但差异不显著（$P>0.05$）。详见表 2-24。

表 2-24　不同牧草品种对试鹅屠宰性能的影响

组别	桂闽引象草	王草
宰前活重/g	2861.87±85.81[a]	2495.00±72.33[b]
胴体重/g	2611.67±127.47[a]	2076.45±75.88[b]
屠宰率/%	91.10±6.02[a]	83.22±4.37[b]
半净膛率/%	83.16±2.51[a]	78.67±3.82[b]
全净膛率/%	73.11±2.79[a]	68.07±3.83[b]
胸肌率/%	5.63±0.91[a]	4.01±1.20[b]

组别	桂闽引象草	王草
腿肌率/%	6.32 ± 0.94^b	7.49 ± 0.72^a
腹脂率/%	0.60 ± 0.72	0.45 ± 0.08

注：同行小写字母不同表示试验组间差异显著（$P<0.05$）。

② 试鹅脏体比性能分析。由表 2-25 可见，饲喂桂闽引象草组和饲喂王草组的试鹅心脏相对比重分别占活体重的（0.85 ± 0.06）%和（0.80 ± 0.10）%，肝脏相对比重分别占活体重的（1.82 ± 0.15）%和（2.08 ± 0.13）%，腺胃相对比重分别占活体重的（0.48 ± 0.05）%和（0.52 ± 0.10）%，肌胃相对比重分别占活体重的（5.38 ± 0.88）%和（5.97 ± 0.40）%，均无显著差异（$P>0.05$）。由此可见，饲喂两种草对试鹅各器官的生长发育没有明显影响。

表 2-25　不同牧草品种对试鹅脏体比的影响

组别	活体重/g	心脏相对比重/%	肝脏相对比重/%	腺胃相对比重/%	肌胃相对比重/%
桂闽引象草	2861.87 ± 85.81^a	0.85 ± 0.06	1.82 ± 0.15	0.48 ± 0.05	5.38 ± 0.88
王草	2495.00 ± 72.33^b	0.80 ± 0.10	2.08 ± 0.13	0.52 ± 0.10	5.97 ± 0.40

注：同行小写字母不同表示试验组间差异显著（$P<0.05$）。

③ 对试鹅胸肌和腿肌肉色及嫩度的分析结果显示：饲喂桂闽引象草组与饲喂王草组胸肌肉色在（68.08 ± 1.99）～（68.94 ± 3.61）之间，腿肌肉色较深，在（75.98 ± 1.90）～（78.67 ± 2.65）之间，差异不显著（$P>0.05$）；从不同饲喂组合的胸肌嫩度和腿肌嫩度来看，在（25.10 ± 3.58）～（28.13 ± 3.27）N之间，饲喂桂闽引象草组胸肌和腿肌的嫩度略高于饲喂王草组，差异不显著（$P>0.05$）。详见表 2-26。

表 2-26　不同牧草品种对试鹅肉色及嫩度的影响

组别	肉色		嫩度/N	
	胸肌	腿肌	胸肌	腿肌
桂闽引象草	68.08 ± 1.99	75.98 ± 1.90	28.13 ± 3.27	27.01 ± 0.16
王草	68.94 ± 3.61	78.67 ± 2.65	28.00 ± 3.33	25.10 ± 3.58

④ 鹅肉营养品质分析。由表 2-27 结果来看，饲喂桂闽引象草组试鹅的肉品质在干物质含量、粗蛋白质含量以及粗脂肪含量上较王草组有所提高，但差异不明显（$P>0.05$）；在鹅肉肌苷酸含量上，桂闽引象草组试鹅肉肌苷酸含量为（176.35 ± 0.05）mg/100g，较饲喂王草组（134.40 ± 0.49）mg/100g 高出 31.21%，但差异不显著（$P>0.05$）。

表 2-27　不同牧草品种对试鹅营养品质的影响

组别	干物质/%	粗蛋白质/%	粗脂肪/%	肌苷酸/(mg/100g)
桂闽引象草	22.00 ± 0.57	20.63 ± 0.10	3.09 ± 0.41	176.35 ± 0.05
王草	23.18 ± 0.20	19.05 ± 0.19	2.21 ± 0.14	134.40 ± 0.49

(3) 结论　从上述结果来看，在参试品种相同、饲养管理水平一致的情况下，不同的牧草日粮组合对屠宰性能影响明显。饲喂桂闽引象草能使试鹅具有较高的屠宰率，由于主饲青料的原因，使得饲喂两种牧草都能使肉鹅产生较少的胴体脂肪；饲喂桂闽引象草能在一定程度上提高鹅肉的营养价值和风味。由此可见，桂闽引象草确实是饲喂肉鹅较理想的青饲料品种。

第三章

菊科草料

第一节　菊苣

一、优质菊苣品种

1. 普那菊苣

普那菊苣为菊科菊苣属多年生草本植物，是新西兰 20 世纪 80 年代初选育成的饲用植物品种。

（1）特征特性　普那菊苣是菊科多年生草本植物，莲座叶丛型，主茎直立，莲座叶丛期株高 80cm 左右，抽茎开花期达 170～200cm。基生叶片大，块状主根深而粗壮，抗旱、抗寒，耐盐碱，在含盐量 0.2％的土壤上生长良好。普那菊苣有良好的抗旱性，但不适宜种在排水不良的土壤中。

（2）栽培要点　普那菊苣种粒细小，因此播前一定要精细整地，每亩施腐熟的有机肥 2500～3000kg。高寒地区易春播，其余地区亦可秋播。撒播时每亩地用种量为 0.3～0.4kg、条播为 0.3kg，行距 30～40cm、播深 1cm 左右。普那菊苣可单播，也可与豆科、禾本科牧草混播。普那菊苣在排水良好、水肥充足的土壤中产量最高，对氮肥反应敏感，除播前要施足基肥外，每次刈割后需结合灌溉追施氮肥。为获高产，每年的氮肥用量应为 $100\sim$ $150kg/hm^2$。普那菊苣对杀草剂较敏感，目前还没有发现适用于它的杀草剂，一旦杂草形成危害，可通过刈割除去杂草，因为普那菊苣刈割后生长速度快，能明显抑制杂草的生长。

（3）产量表现　生长速度快，再生能力强，夏季每月可刈割一次，鲜草产量为 $90\sim150t/hm^2$、干草为 $1\sim1.2t/hm^2$。普那菊苣的抗虫害能力强，如果放牧或管理方法合理，普那菊苣可保持 $5\sim$ 7 年的高产期。普那菊苣的适口性极好，叶量多且茎叶柔软，叶片有白色乳汁，除含动物生长所需的蛋白质（粗蛋白含量为 $10\%\sim$ 32%）和碳水化合物外，钾、硫、钙、锌和钠等微量元素的含量超过其他牧草。

2. 欧洲菊苣

欧洲菊苣是菊科菊苣属多年生草本植物，原产于欧洲，又称咖啡草、咖啡萝卜。据信起源于埃及或印度尼西亚，欧洲自 16 世纪就有栽培。

（1）特征特性　莲座叶丛型，叶期平均高度 80cm，抽茎开花期平均为 170cm。叶片 $25\sim38$ 片，叶片长 $30\sim46cm$、宽 $8\sim$ 12cm，折断后有白色乳汁。主茎直立，分枝偏斜，茎具条棱，中空，疏被绢毛。基生叶片大，茎生叶较小，披针形。头状花序，单生于茎和分枝的顶端或 $2\sim3$ 个簇生于中部叶腋。总苞圆柱状，花舌状，浅蓝色。瘦果，楔形，具短冠毛。主根明显，长而粗壮，肉质、侧根发达，水平或斜向分布。千粒重为 0.96g。喜温暖湿润气候，抗旱，耐寒性较强，较耐盐碱，喜肥喜水。欧洲菊苣具有适应性强、利用期长、抗逆性好等特点，广泛分布于亚洲、美洲，我国主要分布于西北、华北、东北等暖温带地区。

（2）栽培要点　土壤在深耕基础上土表应细碎、平整，在耕翻土地的同时每亩施足厩肥 $2500\sim3000kg$。菊苣播种时间不受季节限制，一般 $4\sim10$ 月均可播种，在 5℃ 以上均可播种。播量一般直播每亩为 $400\sim500g$，育苗移栽每亩为 $100\sim150g$，播种深度为 $1\sim$

2cm。采取撒播、条播或育苗移栽方法。若育苗移栽，一般在 3～4 片小叶时移栽，行株距 15cm×15cm 见方。播种时，种子和细沙土拌匀时应加大体积进行，以保证种子均匀播种。播种后，浇水或适当灌溉，保持土壤一定湿度，一般 4～5d 出齐苗。

苗期生长速度慢，为预防杂草危害，可用除单子叶植物除草剂喷施，当菊苣长成后，一般没有杂草危害。菊苣为叶菜类饲料，对水肥要求高，在出苗后一个月以及每次刈割利用后及时浇水追施速效肥，保证快速再生。一般等植株达 50cm 高时可刈割，刈割留茬 5cm 左右，不宜太高或太低，一般每 30d 可刈割一次。

（3）产量表现 植株达 50cm 高时可刈割，留茬 5cm，一般每 30d 刈割一次，亩产鲜草 10～15t。干物质中含粗蛋白 15%～ 32%、粗脂肪 5%、粗纤维 13%、粗灰分 16%、无氮浸出物 30%、钙 1.5%、磷 0.42%，各种氨基酸及微量元素也较丰富。

3. 美国菊苣

从美国引入的饲草作物，蛋白质含量高，优质高产。

（1）特征特性 属菊科多年生草本，莲座叶丛生长，抽茎开花期株高 1.7～2.0m，茎分枝，生有小叶，中间叶脉红或白色。头状花序，单生，枝端呈蓝紫色。茎叶全缘或羽状浅裂，长 30～ 50cm，基底有叶柄。主根肉质粗壮。适应性强，具有抗旱抗寒、抗病虫害、越冬能力强等优点，对土壤要求不严，以肥沃疏松、排水良好的沙壤土生长最好。

（2）栽培要点 整地，播种前要深耕土壤，耙平，施足底肥。根据地势开排水沟以防止田间积水。春季播种，每亩播种量 150～ 200g。条播、穴播、撒播均可。条播行距 30～40cm 宽，穴播 20～ 30cm，播深 2cm，播后轻覆土。苗期注意中耕除草，根据土壤肥力状况追肥 2～3 次，每亩追施尿素 13kg。干旱时要灌溉，能提高产量。

（3）产量表现 美国菊苣营养丰富，适口性及利用率优于聚合草和串叶松香草，且没有不良反应。一般每年可刈割茎叶 4～5 次，每亩可产鲜草 6000kg 以上，刈割时要留茬 10～20cm 高。也可进行摘叶，摘叶的数量比为 1∶5。茎叶干物质含粗蛋白质 26.2%、粗脂肪 6.72%、粗纤维 8.62%、粗灰分 9.63%、钙 0.26%、磷 0.11%，还含有 20 多种氨基酸和维生素。

4. 将军菊苣

将军菊苣由四川省畜牧科学研究院选育，国审品种，登记号：351 号。

(1) 特征特性 将军菊苣系菊科菊苣属多年生草本植物。植株直立，营养期为莲座叶丛型，主茎直立，茎均中空，具条棱并疏具绢毛，莲座叶丛期株高 80cm 左右，抽茎开花期达 180～250cm。基生叶为翠绿色，叶片宽大，长 40.0～45.0cm、宽 9.8～11.1cm，基本不分裂；茎生叶均较小，披针形、全缘、互生。主根长而粗壮、肉质，侧根粗壮发达，水平或斜向下分布。头状花序单生于枝端或 2～3 个簇生于叶腋，每个花序由 16～21 朵花组成，花舌状、蓝紫色，花期长达 4 个月，边开花边结籽，种子细小，顶端截平，楔形，种子成熟为褐色，种子千粒重 1.2～1.5g。

将军菊苣喜温暖湿润气候，适宜温度为 15～30℃。抗逆性强，耐寒性能良好，地下肉质根系可耐 -15℃ 低温，在 -8℃ 时叶片仍保持青绿色。夏季高温，只要水、肥充足仍具有较强的再生能力。抗旱性能较好，较耐盐碱，pH6.5～8.2 的土地上生长良好。喜肥喜水，对氮肥敏感。对土壤要求不严，旱地、水浇地均可种植，但低洼易涝地区易发生烂根。将军菊苣抗病害能力极强。

(2) 栽培要点 春、夏、秋均可播种，但不宜早于 2 月下旬、迟于 11 月上旬。播种量：条播 250～400g/亩、撒播 400～500g/亩、穴播 150～250g/亩、育苗移栽 50～100g/亩。播种方式：条播、撒播、穴播、育苗、切根。播种深度 0.5～1.0cm，尽量保证播种深度一致。播种规格：条播行距 30cm、株距 20cm；穴播 30cm×20cm，每穴留苗 1～2 株。播种时，根据土壤肥力每亩施过磷酸钙 15～30kg、尿素 10～15kg。

(3) 产量表现 将军菊苣示范基地亩产鲜草 10313kg，干草产量 11.1～14.5t/hm²。营养价值高，富含多种营养物质和矿物元素，粗蛋白质含量 18.18%～26.88%、水分 89.0%～91.3%，抽薹较其他品种晚，最适宜鲜割。将军菊苣年产草量高；生长速度快，秋季在 9 月上旬播种，当年即能刈割一次；再生性强，周年内可刈割 7～8 次，利用期长达 10 个月（3～12 月）之久，利用年限长。

5. 欧宝菊苣

欧宝菊苣是从加拿大引进的高蛋白牧草品种。

(1) 特征特性 欧宝菊苣属多年生草本植物，一次种植可多年受益，株高 1m 左右，叶片长条形，茎直立生长，分枝较多。喜温暖湿润气候，但耐寒、耐热性极强，极耐盐碱，春秋均可播种，在我国大部分地区能正常越冬越夏，对种植土壤要求不严，喜肥水，每次割后追施氮肥可大幅提高产量。

(2) 栽培要点 欧宝菊苣由于产草量高，要求施足底肥，一般亩施尿素 30kg 或碳酸铵 80kg、磷肥 80kg，有条件的可施入一定量的有机肥，施肥后要精细整地，造成一个平整疏松的适宜环境，以利种子出苗（因菊苣种子较细小）。播种，春播北方 3 月中旬～5 月中旬，南方 2 月下旬～4 月下旬，秋播北方 8 月下旬～10 月上旬，南方 9 月下旬～11 月下旬，条播、撒播、穴播均可，株行距为 15cm×30cm，亩播量为 0.2～0.3kg，播种深度为 1.5～2cm。田间管理，苗期要中耕除草，当株高长到 10cm 左右时，开始间苗定苗，一般亩留苗 6000～8000 株，每次刈割后要及时浇水、施肥，一般每亩每次追施尿素 5～7.5kg。当株高达 60～80cm 时，开始收割。留茬 5cm，割后及时浇水施肥。

(3) 产量表现 欧宝菊苣每年割 6～8 次，据在河南、山东、山西等多点测试，其平均亩产在 18.3t，最高可达 25.6t。

6. 阔叶菊苣

阔叶菊苣是在新西兰引进菊苣品种的基础上改良培育的牧草新

品种。

（1）特征特性　阔叶菊苣比普通菊苣产量明显提高，再生能力更强，株高 1.2m，叶片宽长形，茎直立生长，枝繁叶茂，茎叶柔嫩多汁，叶量大，无刚毛，适口性好，日再生速度可达 3cm。阔叶菊苣在北方宜春播、夏播，南方还可秋播。与其他叶菜类牧草相比，阔叶菊苣具有良好的抗病虫害能力，菌枯病、白粉病、蚜虫病等极少发生。

该草适应性广，对土壤要求不严，荒地、坡地、农田均可种植。较耐盐碱，pH8.0 的地块仍生长正常。我国南北各地除海拔 2000m 以上及过于偏北、偏冷的地方不能种植外，其他地区均可种植。轻霜来临时它照常生长，因其根系发达，既抗旱又耐寒，但不适宜种在排水不良的土壤中，可在 −10℃ 至 −12℃ 自然越冬，温度达 40℃ 时仍生长繁茂。其可利用的时间比其他牧草长，一般可达 230d 以上。

（2）栽培要点　阔叶菊苣在北方宜春播、夏播，南方还可秋播。条播，株行穴距为 40cm×20cm，每亩播种量为 0.2kg，每穴撒入 4～7 粒种子，因种子小，播前要细整地、浅开沟、浅覆土；第 1 年可刈割 3～5 次，第 2 年后可刈割 6～10 次，留茬高度以 10cm 为宜。每次刈割后及时追施氮肥可大幅提高产量。越冬前根部要培土防护，有条件的地块灌一次越冬水，以利安全越冬。阔叶菊苣与其他叶菜类牧草相比，具有良好的抗病虫害能力。

（3）产量表现　在河南、浙江、山东等地测试，鲜草产量为 110～160t/hm²。一年可青割 6～10 次。阔叶菊苣的养分含量丰富且全面，叶丛期和初花期的粗蛋白质含量分别为 23％ 和 15.2％，粗纤维含量分别为 12.6％ 和 35.9％，营养丰富，适口性好，各种畜禽均喜食，并且富含矿物质和 17 种氨基酸（含 9 种必需氨基酸，其中赖氨酸含量达 1.2％）。

7. 荷兰菊苣

（1）特征特性　荷兰菊苣为野生菊苣的一个变种，根肉质，似胡萝卜。叶为根出叶，互生，长倒披针形，先端锐尖，叶缘齿状，深裂或全缘。茎直立，有棱，中空，多分枝。头状花序，花冠舌状、青蓝色，聚药雄蕊蓝色。瘦果有棱，顶端载形。种子小，褐色，有光泽，千粒重约 1.5g。荷兰菊苣的抗逆性极强，较耐干旱、耐寒，喜冷凉的气候和充足的光照以及肥沃的土壤。

（2）栽培要点 要求质地疏松、土粒细碎、透气性较好、pH6.5～7 的沙土或沙壤土。最佳播期为 7 月 25 日～8 月 15 日。播种过早，会提前抽薹，营养生长转化为生殖生长，失去了肉质根的作用；播种过迟，根茎越冬受损，影响肉质根的质量。精量播种在畦上，按行距 30cm 进行条播，一般每亩用种 50～60g（2.5 万～3 万粒）。播种方法：大面积播种，选用播种机播种，播种深度 1cm，播后检查覆盖厚度。如遇雨天，可人工手播补充。及时间苗，第 1 次间苗在 5～6 叶期进行，株距 6～7cm，用小刀轻轻割去要间去的苗；第 2 次间苗在 9～10 叶期进行，株距 13～15cm，可把苗连根轻轻拔去。同时结合清沟，松土、除草。

（3）产量表现 每 100g 鲜菊苣球中含钙 24.48mg、磷 24.12mg、铁 0.934mg、锌 0.793mg、维生素 C 3.51mg、β-胡萝卜素 0.043mg、蛋白质 680mg。

二、菊苣的营养特性及其影响因素

1. 土壤和肥料配施对菊苣产量和品质的影响

（1）对个体发育和鲜草产量的影响 施肥能改善菊苣的生长发育，提高菊苣株高和叶宽。各处理的效果由高到低：粪 3 肥 7＞粪 5 肥 5＞粪 7 肥 3＞化肥＞对照组。"粪 3 肥 7"处理的株高和叶宽分别比对照增加了 75.6％和 149.1％。在不同质地的紫色土上，有机肥与化肥的配施效果各异，在同等配施数量的条件下，沙质紫色土的效果优于黏质土。

施肥均能增加菊苣的鲜草产量，各处理的增产效果由高到低依次为：粪 3 肥 7＞粪 5 肥 5＞粪 7 肥 3＞化肥＞对照组。"粪 3 肥

7"处理比不施肥的处理平均增加2.7倍（黏质紫色土）和8.8倍（沙质紫色土），比化肥的处理增加了3.5倍（黏质紫色土）和2.1倍（沙质紫色土）。在不同质地的紫色土上，有机肥与化肥的配施效果各异，在同等配施数量的条件下，沙质紫色土的效果优于黏质土。

（2）对营养物质含量和土质的影响　施肥能改善菊苣品质，不同施肥处理表现各异，其中对总氮、粗蛋白含量的增加幅度和粗纤维含量减少幅度由高到低为：化肥≈粪3肥7＞粪5肥5＞粪7肥3＞对照组。"粪3肥7"处理的粗蛋白比对照增加了153%（黏质紫色土）和125%（沙质紫色土）。各处理对总磷含量的增加大小依次为：粪3肥7＞粪5肥5＞化肥＞粪7肥3＞对照组。在不同质地的紫色土上，有机肥与化肥的配施对菊苣品质影响各异，在同等配施数量的条件下，沙质紫色土的效果优于黏质土（施娴，2009）。

（3）土壤种类、播种方式与产草量的关系　在试验点分别选择砂土、黏土、壤土3种不同类型土壤设样地进行试验。分别采取穴播、条播、撒播和育苗移栽4种方式，每种方式设4次重复，3次作为测产用。1次观察生育期，随机区组设计。设16个小区，小区面积2m×5m，穴播、条播和撒播间出的苗进行移栽。每小区施用钙镁磷肥1500g、氯化钾75g作为底肥，尿素225g作追肥（苗期施45g、分蘖期施75g、拔节期施105g）。初次追肥在苗期，用量为45g，以后每次刈割后施用180g复合肥作为追肥。

在2007年11月9日播种，于当年11月下旬到12月初3种土壤均可正常出苗。壤土出苗最早，11月18日出苗；黏土要比壤土迟出苗几天，11月22日出苗；最晚的是砂土，由于砂土的保水保肥性能不及壤土和黏土，不能提供给种子正常的萌发条件，12月2日才出苗。翌年的4月20日左右全部分蘖，从土壤类型情况来看，最早分蘖是黏土上各种播种方式种植的。砂土和壤土上各种播种方式种植的稍晚几天分蘖。黏土保水性能良好，初春可以供给植株正常的水分保证生长需要。从播种方式来看，条播比其他播种方式优先分蘖，尤其是黏土的 4 月 11 日开始分蘖，育苗移栽的由于在幼苗的生长初期，损害了根部的正常生理活动，所以要比其他播种方式延迟几天分蘖。

第 1 次刈割时间为 2008 年 4 月 25 日，全年刈割 6 次。在砂土和壤土上用 4 种方式种植的均有较高的产量，在黏土上种植的鲜草产量比其他 2 种土壤上的产草量低。在 3 种土壤上用穴播、条播、撒播方式种植的产草量均较高，用育苗移栽方式种植的产草量相对其他 3 种方式低。在壤土上条播方式种植的全年能收获鲜草 93.9t/hm²，最低的是黏土上育苗移栽方式种植的，只能收获 40.0t/hm²。同土壤不同播种方式中，以条播较好，穴播次之，育苗移栽最差，3 种方式间差异不显著，但和育苗移栽方式间差异显著。

同一播种方式在 3 种质地的土壤上的鲜草产量，以壤土为最高、砂土次之、黏土最低。采取穴播的方式，壤土、砂土、黏土产量分别为 84.9t/hm²、84.8t/hm² 和 70.0t/hm²，条播的分别为 93.9t/hm²、90.5t/hm²、72.6t/hm²，撒播的分别为 84.7t/hm²、82.7t/hm² 和 68.4t/hm²，育苗移栽的分别为 60.1t/hm²、55.2t/hm² 和 40.0t/hm²。再生速度是反映牧草生长快慢的标志。同一土壤上不同播种方式其生长速度差异不显著。同一播种方式在壤土、砂土、黏土之间的再生速度，以壤土较高、砂土次之、黏土最低。

2. 冬前刈割和春季施肥对菊苣种子品质和菊粉的影响

（1）对农艺性状的影响　2004 年 9 月至 2005 年 7 月，在江苏省扬州大学牧草研究中心牧草试验地进行了试验，以 OG02 大叶型菊苣为试验材料，采用刈割和施肥等处理对菊苣进行种子生产的研究，并对收获后的种子在室内进行了品质检验和评价。研究结果表明：菊苣 2004 年 9 月 4 日播种，2005 年 4 月初开始抽薹，5 月初开始开花。菊苣早上 5～6 点开始开花，开放旺期为早上 7～

9点，到下午2～3点闭花。6月中旬进入盛花期，整个花期持续时间到9月底10月初结束。在盛花期后20天左右，菊苣种子进入成熟期。

刈割和施肥处理对菊苣农艺性状的影响表现为：成熟的菊苣种子颜色为深褐色，刈割处理能显著增加菊苣的生殖枝数、生殖枝高度、植株花序数、花序种子数，但显著降低花序种子重量。施肥处理显著增加菊苣的生殖枝数、生殖枝高度、植株花序数和花序种子重量，对花序种子数影响不显著，但显著降低种子含水量。其中，氮磷钾复合肥施用效果最好，氮磷肥次之，氮钾肥和氮肥最差。

（2）对种子产量和千粒重的影响 刈割和施肥处理对菊苣产量构成因子影响表现为：刈割处理能显著增加菊苣的生殖枝数、花序数、实际种子产量，但显著降低种子的千粒重；施肥处理显著增加菊苣生殖枝数、花序数、种子千粒重和实际种子产量。其中，氮磷钾复合肥施用效果最好、氮磷肥次之、氮钾肥和氮肥最差。

刈割和施肥处理对菊苣品质影响表现为：刈割处理显著提高菊苣种子电导率和种子浸出液含糖量，但显著降低四唑染色法染色的种子比例，说明刈割处理能显著降低菊苣种子活力；施肥处理显著增加菊苣标准发芽势和发芽率、四唑染色法的染色种子比例，但显著降低种子电导率和种子浸出液含糖量，说明，施肥处理能显著增加菊苣种子的生活力。其施用效果为：氮磷钾复合肥＞氮钾肥＞氮磷肥＞氮肥。研究表明，扬州及周边地区适合菊苣种子的生产，刈割处理能影响菊苣种子生产，施肥处理对菊苣种子生产有一定的促进作用（房震，2006）。

菊苣每株生殖枝数和每株花序数容易受栽培环境条件的影响，所以在制定菊苣种子高产、丰产技术措施时，应将提高这2个因子的相关措施作为关键技术。千粒重虽然对种子产量的影响较大，但是它对栽培条件改变的反应并不明显，故不能将增加千粒重的相关技术措施作为提高种子产量的主攻方向。菊苣为无限花序，且花期较长一般持续 2 个多月，当花序下部种子成熟时上部仍有小花开放；这种长花期、种子成熟期不一，且种子成熟后容易脱落的性状也是影响种子产量的一个主要因素。因此，确定适宜的种子收获时间，培育种子成熟一致性的品种均有助于提高菊苣的种子产量（鲁友均，2007）。

3. "甜心"菊苣在长江流域生长特性及饲用品质的研究

（1）不同生长时期的生长特性 试验研究了"甜心"菊苣在幼苗期、秋季莲座期、越冬期、春季莲座期、抽薹初期等阶段的生长特性，主要包括单株菊苣的叶和根的形态指标（包括叶片数、最长叶叶长、最长叶叶宽、叶重、侧根数、根长、根重和叶根重比）。结果表明：从菊苣出苗到春季莲座期菊苣叶和根的各项指标大都呈上升的趋势，但由于气候的变化，菊苣在越冬期时有关叶的形态指标都呈下降的趋势，而有关根的形态指标方面与叶不一样，侧根数在越冬期略有下降，但根长和根重呈逐渐上升的趋势；第二年春季莲座期菊苣叶和根的各项指标均高于秋季莲座期；菊苣进入抽薹初期出现茎的生长，此后茎在整个植株重占的比例也越来越大；菊苣抽薹后除叶片数有所增加外，其他方面均有所下降。

（2）不同生长时期的饲用品质 研究"甜心"菊苣的饲用品质从三个方面进行：①菊苣在幼苗期、秋季莲座期、越冬期、春季莲座期、抽薹初期、抽薹期干物质中营养成分含量的变化规律；②冬前刈割处理（刈割 0 次、刈割 1 次和刈割 2 次）对"甜心"菊苣来年不同生长期（莲座期、抽薹初期和抽薹期）菊苣产量和营养成分含量的影响；③不同生长期"甜心"菊苣在奶牛瘤胃中不同时间段（0h、4h、8h、12h、16h、24h、48h、72h）菊苣干物质、粗蛋白、中性洗涤纤维、有机物的降解率。

结果表明：在不同生长期菊苣干物质营养成分因菊苣生长时期不同而不同，秋季莲座期和春季莲座期菊苣品质较好，有机物和粗蛋白含量较高，中性洗涤纤维和酸性洗涤纤维含量较低，而越冬期，菊苣中各种营养物质，如粗蛋白、中性洗涤纤维和酸性洗涤纤维含量均在低谷状态，但进入抽薹期后，粗蛋白和有机物含量呈下降趋势，而中性洗涤纤维和酸性洗涤纤维呈上升趋势，纤维化加剧。

秋季刈割次数对菊苣粗蛋白和中性洗涤纤维含量影响较大，刈割1次显著增加菊苣在莲座期和抽薹初期的粗蛋白含量，同时显著降低了菊苣中性洗涤纤维的含量。在抽薹初期，刈割2次组菊苣产量较高，说明刈割有利于菊苣分枝数的增加。菊苣的生长期对菊苣的干物质、粗蛋白、中性洗涤纤维、有机物降解率影响较大，莲座期菊苣的降解率显著高于抽薹期，而春季莲座期菊苣的降解率略高于秋季莲座期，但组间差异不显著（王留香，2006）。

三、菊苣的利用技术

案例1
菊苣牧草在中速型黄羽肉鸡上的营养价值评定

（1）材料与方法　试验品种选用澳大利亚-将军菊苣，刈割株高度约30cm。新鲜菊苣经自然晒干后粉碎过10目筛，制成菊苣草粉。试验选用24只70日龄、体重（2.49±0.22）kg的健康雄性中速型黄羽肉鸡（麻黄肉鸡），按体重差异不显著原则随机分为2组，每组12个重复，每个重复1只鸡，均代谢笼饲养。其中，对照组饲喂玉米-豆粕型基础日粮，基础饲粮参照《黄羽肉鸡营养需要量》（NY/T 3645—2020）中速型黄羽肉鸡饲养营养需要量配制；待测组以10%菊苣替代基础日粮（微量元素预混料及维生素预混料除外）构成待测日粮，具体组成及营养成分见表3-1。适应期5d，期间均饲喂维持日粮，保证所有肉鸡均需应对换料应激。适应期结束禁食48h后转入正式试验期。饲喂肉鸡试验日粮，自由采食3d后，再禁食24h，采用全收粪法，每隔4h准确收集各重复的粪尿排泄物，连续收集4d后继续禁食，收集48h的排泄物分别作为对照组和待测组的内源排泄物。每次收集的新鲜排泄物均立即

用 10％硫酸按 1∶10 比例添加固氮，并置于对应编号的自封袋中
−20℃保存。

表 3-1　日粮组成及营养成分（干物质基础）

项目	对照组	待测组	项目	对照组	待测组
原料组成			营养成分③		
玉米/％	68.79	61.91	代谢能/(MJ/kg)	12.86	—
豆粕(粗蛋白质 46％)/％	23.88	21.49	粗蛋白质/％	16.66	16.42
菊苣草粉/％	—	9.96	粗纤维/％	2.55	3.78
豆油/％	2.89	2.6	粗脂肪/％	5.73	5.34
磷酸氢钙Ⅰ型/％	1.25	1.13	钙/％	0.9	0.96
石粉/％	1.4	1.26	总磷/％	0.55	0.53
L-赖氨酸硫酸盐(70％)/％	0.5	0.45	总赖氨酸/％	1.09	1.04
DL-蛋氨酸(98.5％)/％	0.25	0.23	总苏氨酸/％	0.69	0.68
L-苏氨酸(98.5％)	0.1	0.09	总含硫氨酸/％	0.74	0.7
氯化胆碱(60％)	0.15	0.14			
氯化钠	0.26	0.23			
碳酸氢钠	0.13	0.11			
微量元素预混料①	0.2	0.2			
维生素预混料②	0.2	0.2			
合计	100	100			

① 矿物元素预混料为每千克全价料提供铁 80mg、锌 100mg、锰 110mg、铜 10mg、碘 0.6mg、硒 0.35mg。

② 维生素预混料为每千克全价料提供维生素 A 9500IU、维生素 D_3 2000IU、维生素 E 12IU、维生素 K 1.0mg、维生素 B_1 1.30mg、维生素 B_2 5.60mg、维生素 B_6 2.80mg、维生素 B_{12} 0.01mg、烟酸 68mg、泛酸 10mg、生物素 0.10mg、叶酸 0.90mg。

③ 营养成分为计算值。

（2）结果与分析

① 日粮和排泄物常规营养成分。由表 3-2 可知，对照组日粮的粗纤维含量明显低于待测组。由表 3-3 可知，对照组麻黄肉鸡排泄物的粗纤维含量低于待测组，但其他营养指标均高于待测组。

表 3-2 试验日粮总能和常规营养成分（干物质基础）

项目	对照组	待测组
总能/（MJ/kg）	16.42	16.27
粗蛋白质/%	16.84	16.72
粗脂肪/%	5.16	4.91
粗纤维/%	2.96	4.1
钙/%	0.91	0.95
磷/%	0.54	0.52
氮/%	2.69	2.68

表 3-3 粪便总能和常规营养成分（干物质基础）

项目	对照组	待测组	对照内源组	待测内源组
总能/（MJ/kg）	14.28±0.21	14.10±0.09	10.11±0.59	9.90±0.71
粗蛋白质/%	31.96±0.57	27.63±0.40	92.72±4.79	91.79±1.31
粗脂肪/%	4.45±0.51	3.73±0.17	2.19±0.20	1.98±0.36
粗纤维/%	9.89±0.50	10.85±0.23	0.72±0.12	1.19±0.37
钙/%	2.22±0.09	1.95±0.04	0.52±0.01	0.42±0.12
磷/%	1.25±0.05	1.00±0.02	1.74±0.08	1.84±0.11
氮/%	5.11±0.09	4.43±0.05	14.84±0.77	14.69±0.21

② 中速型黄羽肉鸡能量代谢。由表 3-4 可知，对照组和待测组在黄羽肉鸡上的能量代谢水平差异不显著。由表 3-5 可知，菊苣在中速型黄羽肉鸡上的 AME（TME）和 AMEN（TMEN）分别为 6.31（6.41）MJ/kg 和 6.14（6.21）MJ/kg，氮利用率和总能代谢率分别为 58.34% 和 44.89%，每摄入 1kg 日粮每日表观氮沉积率、真氮沉积率分别为 0.50%、0.64%。

表 3-4 中速型黄羽肉鸡能量代谢（干物质基础）

项目	对照组	待测组	P 值
食入日粮能量/MJ	8.48±0.47	8.23±0.84	0.782
排泄物能量/MJ	2.26±0.13	2.44±0.26	0.497
表观代谢能/(MJ/kg)	12.02±0.20	11.45±0.11	0.082
真代谢能/(MJ/kg)	12.17±0.19	11.59±0.12	0.076
氮排出量/g	8.06±0.42	7.68±0.81	0.65
氮校正表观代谢能/(MJ/kg)	11.89±0.19	11.31±0.11	0.073
氮校正真代谢能/(MJ/kg)	12.01±0.19	11.43±0.12	0.068
RN1/%	0.37±0.02	0.39±0.01	0.669
RN2/%	0.44±0.02	0.46±0.01	0.468
氮利用率/%	41.67±2.09	43.34±0.86	0.601
总能代谢率/%	73.20±1.20	70.37±0.70	0.147

表 3-5 中速型黄羽肉鸡菊苣草粉能量代谢

项目	菊苣草粉
表观代谢能/(MJ/kg)	6.31±1.14
真代谢能/(MJ/kg)	6.41±1.20
氮校正表观代谢能/(MJ/kg)	6.14±1.11
氮校正真代谢能/(MJ/kg)	6.21±1.16
RN1/%	0.50±0.08
RN2/%	0.64±0.14
氮利用率/%	58.34±8.57
总能代谢率/%	44.89±6.99

③ 中速型黄羽肉鸡菊苣营养物质代谢率。由表 3-6 可知，待测组黄羽肉鸡日粮粗纤维表观（真）代谢率高于对照组（$P <$ 0.05）。由表 3-7 可知，中速型黄羽肉鸡菊苣草粉 CP、EE、CF、Ca、P 表观（真）代谢率分别为 58.34%（66.81%）、80.34%（80.38%）、54.54%（55.57%）、60.05%（58.21%）和 71.80%（75.53%）。

表 3-6　中速型黄羽肉鸡菊苣营养物质代谢率（干物质基础）

项目	表观代谢率/%			真代谢率/%		
	对照组	待测组	P 值	对照组	待测组	P 值
粗蛋白质	41.67±2.09	43.34±0.86	0.601	49.74±1.85	51.45±1.44	0.563
粗脂肪	73.36±3.33	73.72±1.00	0.919	74.00±3.33	74.26±0.99	0.94
粗纤维	4.40±0.37	9.41±1.29	0.01	4.75±0.37	9.83±1.30	0.009
钙	25.12±2.98	28.61±1.32	0.302	25.98±2.98	29.20±1.33	0.34
磷	29.19±2.96	33.45±1.00	0.194	33.99±2.86	38.15±1.20	0.202

表 3-7　中速型黄羽肉鸡菊苣草粉营养物质代谢率

项目	表观代谢率/%	真代谢率/%
粗蛋白质	58.34±8.57	66.81±14.34
粗脂肪	80.34±9.42	80.38±9.48
粗纤维	54.54±12.90	55.57±13.03
钙	60.05±13.23	58.21±13.25
磷	71.80±10.04	75.53±11.98

(3) 结论　本试验条件下，中速型黄羽肉鸡菊苣的 AME（AMEN）和 TME（TMEN）分别为 6.31（6.41）MJ/kg 和 6.14（6.21）MJ/kg，氮利用率、总能代谢率分别为 51.49%、40.42%，略高于麦麸和菜粕，略低于棉粕，进一步证明了菊苣的饲用价值。在黄羽肉鸡日粮中以 10% 菊苣替代基础日粮（微量元素预混料及维生素预混料除外），对粗蛋白质、粗脂肪、钙和磷的表观（真）代谢率均无显著影响，但粗纤维的表观（真）代谢率却显著提高，可能与待测组日粮的粗纤维含量较高有关，也可能暗示菊苣粗纤维的代谢率较高。

案例 2

菊苣多糖对蛋鸡生产性能、蛋品质及脂类代谢的影响

(1) 材料与方法　选用 38 周龄海兰褐壳商品蛋鸡 360 只，随机分成 5 组（4 个处理组和 1 个对照组），每组 6 个重复，每个重

复 12 只鸡。5 个组分别添加 0（对照组）、0.5％、1％、1.5％、2％的菊苣多糖，各重复平均分布于鸡舍同列各层，试验为期 56d。基础日粮及其营养组分见表 3-8。

表 3-8　基础日粮与营养组分

组成	含量/％	营养水平	含量/％
玉米	59.68	代谢能/MCal·kg^{-1}	2.74
豆粕	25.28	粗蛋白	16.7
棉粕	4.11	钙	3.47
磷酸氢钙	1.05	总磷	0.49
石粉	8.64	有效磷	0.27
食盐	0.36	赖氨酸	0.94
赖氨酸	0.26	蛋氨	0.26
蛋氨酸	0.12	蛋氨酸＋胱氨酸	0.53
0.5％蛋鸡预混料	0.5	色氨酸	0.15
合计	100		

（2）结果与分析

① 菊苣多糖对蛋鸡生产性能的影响。菊苣多糖对蛋鸡生产性能的影响如图 3-1～图 3-3 所示。试验第 28d 时，菊苣多糖对蛋鸡生产性能无显著影响。试验第 56d 时，与对照组比较，平均蛋重方面，1％和 1.5％添加组平均蛋重极显著增加（$P<0.01$）；2％添加组平均蛋重显著增加（$P<0.05$）；1％和 1.5％添加组料蛋比极显著下降（$P<0.01$）；2％添加组料蛋比显著下降（$P<0.05$）；各添加组产蛋率方面无显著差异。

② 菊苣多糖对鸡蛋品质的影响。菊苣多糖对鸡蛋品质的影响见表 3-9 和表 3-10。试验第 28d 时，菊苣多糖对鸡蛋品质无显著影响。试验第 56d 时，与对照组比较，1.5％添加组鸡蛋胆固醇含量极显著降低（$P<0.01$）。

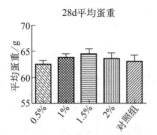

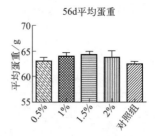

图 3-1　平均蛋重比

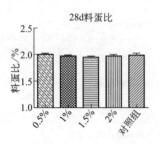

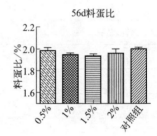

图 3-2　料蛋比

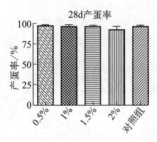

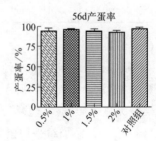

图 3-3　产蛋率

表 3-9　28d 时菊苣多糖对鸡蛋品质的影响

指标	添加水平				
	0(对照组)	0.50%	1%	1.50%	2%
蛋黄指数	91.61±4.21	92.12±3.90	90.65±4.46	90.15±5.35	92.16±5.37
蛋壳厚度/mm	1.28±0.03	1.29±0.04	1.28±0.02	1.43±0.54	1.28±0.04
蛋形指数	0.36±0.03	0.36±0.04	0.37±0.02	0.36±0.03	0.35±0.04

指标	添加水平				
	0(对照组)	0.50%	1%	1.50%	2%
哈夫单位	41.79±5.65	43.89±2.77	44.17±3.4	45.32±3.02	42.39±2.52
蛋黄颜色(级)	9.44±0.50	9.17±0.60	9.33±0.47	9.17±0.5	9.33±0.47
蛋白高度/mm	8.57±0.71	8.70±0.78	8.53±0.76	8.40±1.01	8.68±0.91
鸡蛋胆醇 /(mmol/L)	3.23±0.78	3.44±0.41	3.86±0.24	3.65±1.02	3.72±1.22
鸡蛋甘油三酯 /(mmol/L)	0.87±0.25	0.48±0.23	0.39±0.79	0.52±0.11	0.71±0.47

表 3-10　56d 时菊苣多糖对鸡蛋品质的影响

指标	添加水平				
	0(对照组)	0.50%	1%	1.50%	2%
蛋黄指数	91.95±4.65	92.43±5.66	94.11±5.30	91.39±4.18	91.70±3.12
蛋壳厚度/mm	1.29±0.04	1.27±0.12	1.29±0.04	1.30±0.03	1.28±0.04
蛋形指数	0.35±0.02	0.31±0.02	0.33±0.03	0.32±0.03	0.33±0.02
哈夫单位	45.44±4.10	44.88±3.47	46.31±3.23	43.83±3.75	44.42±2.78
蛋黄颜色(级)	8.72±0.45	8.78±0.42	8.72±0.45	8.61±0.49	8.72±0.56
蛋白高度/mm	8.58±0.88	8.71±0.98	9.13±1.13	8.53±0.81	8.60±0.53
蛋胆固醇 /(mmol/L)	3.25±0.34^B	3.39±0.46^B	2.53±0.17^{AB}	2.08±0.71^A	2.35±0.77^{AB}
蛋甘油三酯 /(mmol/L)	0.75±0.51	0.31±0.05	0.49±0.12	0.42±0.18	0.59±0.28

注：同行数据标不同小写字母表示差异显著（$P<0.05$），不同大写字母表示极显著（$P<0.01$）。

③ 菊苣多糖对蛋鸡血清抗氧化能力的影响。菊苣多糖对血清抗氧化能力影响的结果见表 3-11 和表 3-12。试验第 28d 时，与对照组比较，各水平添加组蛋鸡血清 MDA 含量极显著降低（$P<0.01$）；各水平添加组蛋鸡血清 T-AOC 极显著升高（$P<0.01$）。试验第56d 时，与对照组比较，各添加组 MDA 含量均极显著下降（$P<$

0.01）。菊苣多糖对蛋鸡血清 GSH-Px 含量无显著影响。

表 3-11　28d 时菊苣多糖对蛋鸡血清抗氧化能力的影响

指标	添加水平				
	0(对照组)	0.50%	1%	1.50%	2%
GSH-Px/(U/mL)	131.50±8.37	119.20±8.71	134.24±9.58	125.62±9.92	126.51±10.30
MDA/(U/mL)	16.34±3.76^A	9.57±0.97^B	7.53±0.59^B	9.79±0.81^B	10.58±1.69^B
T-AOC/(U/mL)	1.78±0.22^C	1.94±0.06^{BC}	2.21±0.06^B	3.21±0.26^A	2.12±0.11^B

注：同行数据标不同小写字母表示差异显著（$P<0.05$），不同大写字母表示极显著（$P<0.01$）。

表 3-12　56d 时菊苣多糖对蛋鸡血清抗氧化能力的影响

指标	添加水平				
	0(对照组)	0.50%	1%	1.50%	2%
GSH-Px/(U/mL)	95.03±5.76	87.90±6.01	103.8±9.66	97.17±4.34	106.85±7.50
MDA/(U/mL)	17.94±3.27	10.45±0.69^A	8.52±0.34^A	10.54±0.56^A	11.33±0.98^A
T-AOC/(U/mL)	1.55±0.18	1.53±0.18	1.94±0.18^A	1.64±0.27	1.58±0.28

注：同行数据标不同小写字母表示差异显著（$P<0.05$），不同大写字母表示极显著（$P<0.01$）。

④ 菊苣多糖对蛋鸡养分代谢的影响。菊苣多糖对蛋鸡养分代谢影响的结果见表 3-13 和表 3-14。试验第 28d 时，与对照组比较，各试验组蛋鸡磷的吸收率极显著增加（$P<0.01$）；其他各指标无显著变化。试验第 56d 时，菊苣多糖对养分代谢各指标均无显著影响。

表 3-13　28d 时菊苣多糖对蛋鸡养分代谢率的影响

指标	添加水平				
	0(对照组)	0.50%	1%	1.50%	2%
钙/%	71.73±7.43	61.90±6.07	64.76±5.11	72.10±7.05	58.73±9.16
磷/%	22.22±7.02^B	47.67±5.06^A	57.25±6.07^A	56.32±6.02^A	43.11±10.16^A
粗蛋白/%	46.21±6.07	40.44±8.09	41.91±4.59	44.40±6.79	40.81±8.74
粗灰分/%	45.40±10.23	38.22±6.05	37.72±7.15	44.96±9.04	41.92±8.07

指标	添加水平				
	0(对照组)	0.50%	1%	1.50%	2%
粗纤维/%	54.49±8.80	48.28±8.44	56.04±6.04	58.00±7.42	44.91±7.88
粗脂肪/%	91.46±10.19	87.92±8.26	85.79±9.14	87.04±10.43	88.48±9.35

注：同行数据标不同小写字母表示差异显著（$P<0.05$），不同大写字母表示极显著（$P<0.01$）。

表 3-14　56d 时菊苣多糖对蛋鸡养分代谢率的影响

指标	添加水平				
	0(对照组)	0.50%	1%	1.50%	2%
钙/%	60.27±6.24	57.94±5.08	68.99±9.03	57.15±6.17	66.97±7.16
磷/%	58.32±8.03	60.84±10.80	61.50±6.05	61.32±7.02	60.89±6.05
粗灰分/%	31.80±6.07	46.44±5.21	41.53±6.03	44.79±7.04	47.59±8.04
粗蛋白/%	35.88±4.32	41.69±4.32	39.29±4.46	39.19±5.58	39.13±4.50
粗纤维/%	40.17±3.34	43.58±5.00	47.62±6.11	56.81±8.62	33.24±9.58
粗脂肪/%	86.71±8.08	82.94±8.71	86.02±9.52	83.31±7.64	83.59±9.33

（3）结论　菊苣多糖能够显著提高蛋鸡的生产性能，提高平均蛋重并降低料蛋比；提高鸡蛋品质，降低鸡蛋胆固醇含量；提高蛋鸡血清抗氧化能力，显著降低血清 MDA 含量；改善蛋鸡养分代谢，促进磷的吸收。

案例 3

日粮中添加菊苣草浆对北京油鸡生长性能、屠体性能及蛋品质的影响

（1）材料与方法　选取体重相近、16 周龄的健康北京油鸡 400只，将其分为 4 组，每组 100 只。分别在玉米-豆粕型基础日粮中添加 0、5%、8%和 10%的菊苣草浆［草浆折合成干物质，采用等能量、等蛋白的原则，参考美国 NRC(1994) 配制］。预试期为7d，正试期为 60d，测定生长性能、屠体性能及蛋品质。

（2）结果与分析

① 日粮中添加菊苣草浆对北京油鸡生长性能的影响。如表 3-15 所示，从整个试验期来看，5%、8%和10%菊苣草浆组的平均日采食量分别较对照组提高了 41.49g/d、81.54g/d、93.27g/d，且差异显著（$P < 0.05$）。为满足营养需求，各组鸡需采食一定量的干物质，而菊苣草浆水分含量高，所以随菊苣草浆添加水平的增加，平均日采食量显著提高。5%菊苣草浆组与对照组、8%和10%菊苣草浆组相比，活体重分别提高了 389.78g、304.09g、256.35g，且差异显著；平均日增重分别提高了 2.35g/d、2.18g/d、1.01g/d，产蛋率分别提高了 2.57%、5.45%及 0.95%，但差异不显著（$P > 0.05$），可见日粮中添加5%的菊苣草浆对于提高北京油鸡生长性能的效果更明显。

表 3-15 日粮中添加菊苣草浆对北京油鸡生长性能的影响

项目	添加比例				SEM	P 值
	0	5%	8%	10%		
活体重/g	1622.06[b]	2011.84[a]	1707.75[b]	1755.49[b]	48.504	0.003
平均日增重/(g/d)	6.12	8.47	6.29	7.46	0.452	0.2
平均日采食量/(g/d)	68.53[d]	110.02[c]	150.07[b]	161.8[a]	2.502	<0.001
产蛋率/%	9.62	12.19	6.74	11.24	1.291	0.524

注：同行不同小写字母表示差异显著（$P < 0.05$）。

② 日粮中添加菊苣草浆对北京油鸡屠体性能的影响。如表 3-16 所示，与对照组相比，添加不同水平的菊苣草浆对屠宰率、全净膛率、腿肌率及胸肌率等屠体性能指标无显著影响（$P > 0.05$）；5%菊苣草浆组的腹脂率显著高于其他 3 组（$P < 0.05$），但 8%和10%菊苣草浆组的腹脂率与对照组无显著差异（$P > 0.05$）。5%菊苣草浆组与对照组、8%和10%菊苣草浆组相比，屠宰率分别提高了 4.28%、4.82%及 4.87%，全净膛率分别提高了 0.91%、2.17%及 1.85%，差异不显著（$P > 0.05$），可见日粮中添加5%的菊苣草浆对于提高北京油鸡屠体性能的效果更明显。Meng 等报

道，与清耕放养相比，林间菊苣草地放养北京油鸡对全净膛率、腿肌率及胸肌率无显著影响，但显著提高了屠宰率。

表 3-16　日粮中添加菊苣草浆对北京油鸡屠体性能的影响

项目	添加比例				SEM	P 值
	0	5%	8%	10%		
屠宰率/%	74.53	78.81	73.99	73.94	0.885	0.139
全净膛率/%	57.58	58.49	56.32	56.64	0.629	0.677
肌率/%	11.13	9.95	11.03	10.48	0.26	0.394
胸肌率/%	8.6	7.95	7.82	8.06	0.157	0.337
腹脂率/%	1.02^b	4.13^a	1.43^b	1.116^b	0.495	0.046

注：同行不同小写字母表示差异显著（$P<0.05$）。

③ 日粮中添加菊苣草浆对北京油鸡蛋品质的影响。如表 3-17 所示，与对照组相比，添加不同水平的菊苣草浆对蛋壳厚度、蛋白高度、哈夫单位、蛋形指数、蛋黄重、蛋壳重等蛋品质指标均无显著影响（$P>0.05$）；添加不同水平的菊苣草浆显著提高了蛋重（$P<0.05$）。其中 5% 菊苣草浆组与对照组、8% 和 10% 菊苣草浆组相比，蛋重分别提高了 4.39g、0.05g、1.19g，蛋黄重分别提高了 0.92g、1.40g、1.09g。添加不同水平的菊苣草浆降低了蛋壳强度，但仅 5% 菊苣草浆组与对照组间差异显著（$P<0.05$）；提高了蛋黄色泽，但仅 8% 菊苣草浆组与对照组间差异显著（$P<0.05$）。

表 3-17　日粮中添加菊苣草浆对北京油鸡蛋品质的影响

项目	添加比例				SEM	P 值
	0	5%	8%	10%		
蛋重/g	40.3^b	44.69^a	44.64^a	43.5^a	0.507	0.003
蛋壳强度/(kg/cm^2)	4.28^a	3.48^b	3.724^{ab}	3.6^{ab}	0.111	0.046
蛋壳厚度/mm	0.32	0.31	0.31	0.3	0.005	0.526
蛋白高度/mm	6.43	6.56	6.99	6.52	0.185	0.721
哈夫单位	86.52	75.29	87.97	85.49	2.232	0.191

项目	添加比例				SEM	P 值
	0	5%	8%	10%		
蛋黄色泽	7.08b	8.49ab	9.44a	7.9ab	0.284	0.018
蛋形指数	1.32	1.32	1.33	1.27	0.009	0.103
蛋黄重/g	11.47	12.39	10.99	11.3	0.348	0.561
蛋壳重/g	5.5	5.73	5.61	5.76	0.072	0.552

注：同行不同小写字母表示差异显著（$P < 0.05$）。

（3）结论 与对照组相比，日粮中添加菊苣草浆可在一定程度上改善北京油鸡的生长性能、屠体性能及蛋品质指标，显著提高了蛋重及蛋黄色泽。综合考虑，推荐北京油鸡日粮中菊苣草浆的相对最适添加量为 5%。

第二节　菊花

一、优质菊花品种

1. 万寿菊

万寿菊原产墨西哥，橙黄色的鲜花中含有丰富的天然叶黄素。现在万寿菊主要用来提炼食用色素 E161b。

（1）特征特性 株高 20～90cm。茎直立光滑，粗壮，有细棱线，绿色或有棕褐色晕，基部常发生不定根，叶对生或互生，羽状深裂，裂片披针形，叶缘有齿，锯齿顶端有短芒，叶片具油点，有气味。头状花序，单生于枝顶。总梗长而中空，总苞钟状。舌状花有长爪，边缘稍皱曲。外列舌片向外反卷。花朵直径 5～13cm。花型有单瓣、重瓣的变化。花色有白、黄、橙红及复色等，深浅不一。花期 7～10 月份。果实为瘦果线形，黑色，下端淡黄色，顶端有冠毛，冠以 1～2 枚长芝状和 2～3 枚短而钝的鳞片。果熟期 9～

10月份。种子千粒重3g，寿命3～4年。

喜温暖、湿润和阳光充足环境。万寿菊生长适温15～20℃，冬季温度不低于5℃。夏季高温30℃以上，植株徒长，茎叶松散，开花少。10℃以下，能生长但速度减慢，生长周期拉长。从播种至开花的生长期为80～90d。万寿菊喜湿又耐干旱，特别夏季水分过多，茎叶生长旺盛，影响株型和开花。高温期栽培万寿菊要严格控制水分，以稍干燥为好。万寿菊为喜光性植物，充足阳光对万寿菊生长十分有利，植株矮壮，花色艳丽。阳光不足，茎叶柔软细长，开花少而小。万寿菊对日照长短反应较敏感，可以通过短日照处理（9h）提早开花。万寿菊对土壤要求不严，以肥沃、排水良好的沙质壤土为好。

（2）栽培要点　万寿菊的繁殖，以种子繁殖为主，也可扦插繁殖。3月下旬～4月初播种，发芽适温15～20℃，播后1周出苗，苗具5～7枚真叶时定植。株距30～35cm。扦插宜在5～6月进行，很易成活。管理较简单，从定植到开花前每20d施肥一次；摘心促使分枝。万寿菊春播，3月下旬至4月上旬在露地苗床播种。由于种子嫌光，播后要覆土、浇水。种子发芽的适温为20～25℃，播后1周出苗，发芽率约50%。夏播出苗后60d可以开花。万寿菊在夏季进行扦插，容易发根，成苗快。从母株剪取8～12cm嫩枝做插稳，去掉下部叶片，插入盆土中，每盆插3株，插后浇足水，略加遮阴，2周后可生根。然后，逐渐移至有阳光处进行日常管理，约1个月后可开花。

（3）产量表现　叶黄素是万寿菊的主要提取物，它广泛用于饲料添加剂和食品添加剂领域。杂交色素万寿菊每亩种3500～4000株，每株能产120多朵花，按平均每朵鲜花25g计算，亩产4500kg，如果管理好一点，亩产完全可以超过5000kg。万寿菊花为蜂窝球形，无心，花色橘红，花瓣与花托比为8∶2，色素含量达19‰～22‰，而目前国内使用的常规品种为16‰左右，花瓣与花托比是6∶4。

2. 杭白菊

多年生草本植物，原产中国，在中部、东部、西南部分布广泛。

(1) 特征特性 花序扁球形、不规则球形或稍压扁，直径多1.5～4cm。总苞由3～4层苞片组成，外围为数层舌状花，类白色或黄色，中央为管状花。气清香，味甘、微苦。白菊花喜凉爽、较耐寒，生长适温18～21℃，地下根茎耐旱，最忌积涝，喜地势高、土层深厚、富含腐殖质、疏松肥沃、排水良好的壤土。在微酸性至微碱性土壤中皆能生长，以pH6.2～6.7最好。为短日照植物，在每天14.5h的长日照下进行营养生长，每天12h以上的黑暗与10℃的夜温适于花芽发育。

(2) 栽培要点 野生菊花可以自播，菊花开花结籽品种容易退化，园艺栽培中都靠母本无性繁殖。待花季结束，在12月中旬地上植株经霜打枯死后，即将植株齐地剪掉，根部培土筑5cm高的土垄，待第二年初春浇水肥，使其发芽，逐步长出菊苗。到4月15日左右，幼苗长到10～15cm高时，把苗连嫩根挖出，剔除弱小苗，即可移栽到大田。

白菊是喜光喜肥植物，应选择土层肥厚松软、土壤弱酸性、无树木遮挡的地块，切忌在低洼潮湿地段栽种。在平原地区栽种应开沟条栽，便于管理，沟深8～10cm、株距25～30cm、行距150cm。行与行之间植株不封行为好，这样便于田间管理与采花作业。在小丘陵地区，视地形采用条栽或丛栽。菊苗种植后，当天就应浇施水肥，这样苗的成活率可在95%以上。在菊苗生长阶段，每隔10～15d应施水肥，待菊苗长到30cm高时，应摘去顶芽，抑制长高，促使侧芽萌发分枝。这时应开沟施足羊栏肥或农家有机肥，养大养壮植株，才能提高产量。

(3) 产量表现 当杭白菊头状花序70%开放时分批采收，120℃杀青10min，55℃烘干，测定干花产量，并将各样品磨细装袋备用。杭白菊产量可达 9164～15105kg/hm²，水溶性浸出物 34.61%～39.49%，水溶性糖 22.42%～37.02%，粗蛋白 34.61%～39.49%，总黄酮类化合物 3.84%～4.23%。

3. 非洲菊

非洲菊，多年生草本植物，主要类型可分为现代切花型和矮生栽培型。原产地为南非，后引入英国，现世界各地广泛栽培。

（1）特征特性 被毛草本，根状茎短，为残存的叶柄所围裹，具较粗的须根。叶基生，莲座状，叶片长椭圆形至长圆形，长10～14cm，宽 5～6cm，顶端短尖或略钝，基部渐狭，边缘为不规则羽状浅裂或深裂，上面无毛，下面被短柔毛，老时脱毛；中脉两面均凸起，下面粗，侧脉 5～7 对，离缘弯拱连接，网脉络明显；叶柄长 7～15cm，具粗纵棱，多少被毛。花葶单生，或稀有数个丛生，长 25～60cm，无苞叶，被毛，毛于顶部最稠密，头状花序单生于花葶之顶，于花期舌瓣展开时直径 6～10cm；总苞钟形，约与两性花等长，直径可达 2cm；总苞片 2 层，外层线形或钻形，顶端尖，长 8～10mm、宽 1～1.5mm，背面被柔毛，内层长圆状披针形，顶端尾尖，长 10～14mm、宽约 2mm，边缘干膜质，背脊上被疏柔毛；花托扁平，裸露，蜂窝状，直径 6～8mm。

外围雌花 2 层，外层花冠舌状，舌片淡红色至紫红色，或白色及黄色，长圆形，长 2.5～3.5cm、宽 2～4mm，顶端具 3 齿，内 2 裂丝状，卷曲，长 4～5mm，花冠管短，长约为舌片的 1/8，退化雄蕊丝状，长 3～4mm，伸出于花冠管之外；内层雌花比两性花纤细，管状二唇形，长 6～7mm，二唇等长，外唇具 3 细齿或有时为 2 齿和 1 裂片，内唇 2 深裂，裂片线形，长约 4mm，卷曲，退化雄蕊 4～5 枚，线形或丝状，藏于花冠管内；中央两性花多数，管状二唇形，长 8～9mm，外唇大，具 3 齿，内唇 2 深裂，裂片通常宽，卷曲；花药长约 4mm，具长尖的尾部；雌花和两性花的花柱分枝均短，顶端钝，长不足 1mm。瘦果圆柱形，长 4～5mm，密被白色短柔毛。冠毛略粗糙，鲜时污白色，干时带浅褐色，长

6～7mm，基部联合。花期 11 月至翌年 4 月。喜冬暖夏凉、空气流通、阳光充足的环境，不耐寒，忌炎热。喜肥沃疏松、排水良好、富含腐殖质的沙质壤土，忌黏重土壤，宜微酸性土壤，生长最适 pH 为 6.0～9.0。

(2) 栽培要点 非洲菊多采用组织培养快繁，采用分株法繁殖，每个母株可分 5～6 小株；播种繁殖用于矮生盆栽型品种或育种；可用单芽或发生于颈基部的短侧芽分切扦插。光周期的反应不敏感，日照的长短对花数和花朵质量无影响。要求疏松肥沃、排水良好、富含腐殖、土层深厚、微酸性的沙质壤土。

种苗选择苗高 11～15cm、4～5 片真叶的种苗定植。优质种苗标准：种苗健壮，叶片油绿，根系发达、须根多、色白，叶片无病斑、虫咬伤缺口和机械损伤。周年均可定植，但从生产和销售的角度考虑，4～6 月份为较理想。每畦种 3 行，中行与边行交错定植，株距 30cm，每平方米定植 9～10 株，每棚可栽种 1100 余株。种植前 2～3d，给土壤浇透水；种植在阴天或晴天的早晨和傍晚进行；栽种时要深穴浅植，根颈部位露于土表 1～1.5cm，否则，植株易感染真菌病害，如果植株栽得太浅，采花时易拉松或拉出植株；栽完后及时浇透水。

(3) 产量表现 非洲菊年产花量可达 50.00～130.43 万支/hm²。

4. 大波斯菊

大波斯菊原产于墨西哥，在中国栽培甚广，在路旁、田埂、溪岸也常自生。

(1) 特征特性 大波斯菊是一年生或多年生草本植物，高 1～2m。根纺锤状，多须根，或近茎基部有不定根。茎无毛或稍被柔毛。叶二次羽状深裂，裂片线形或丝状线形。头状花序单生，径 3～6cm；花序梗长 6～18cm。总苞片外层披针形或线状披针形，近革质，淡绿色，具深紫色条纹，上端长狭尖，较内层与内层等长，长 10～15mm，内层椭圆状卵形，膜质。托片平展，上端呈丝状，与瘦果近等长。

舌状花紫红色、粉红色或白色；舌片椭圆状倒卵形，长 2～3cm、宽 1.2～1.8cm，有 3～5 钝齿；管状花黄色，长 6～8mm，管部短，上部圆柱形，有披针状裂片；花柱具短突尖的附器。瘦果黑紫色，长 8～12mm，无毛，上端具长喙，有 2～3 尖刺。花期 6～8 月，果期 9～10 月，千粒重 6.68g。大波斯菊喜光，耐贫瘠土壤，忌肥，忌炎热，忌积水，对夏季高温不适应，不耐寒。

(2) 栽培要点 种子繁殖，中国北方一般 4～6 月播种，6～8 月陆续开花，8～9 月气候炎热，多阴雨，开花较少。秋凉后又继续开花直到霜降。如在 7～8 月播种，则 10 月份就能开花，且株矮而整齐。波斯菊的种子有自播能力，一经栽种，以后就会生出大量自播苗；若稍加保护，便可照常开花。可于 4 月中旬露地床播，如温度适宜约 6～7d 小苗即可出土。3 月下旬～4 月上旬，将种子播于露地苗床。地温在较低的 15℃ 时也可发芽，但是如果很早就播种，就会长成高度 2m 的巨株，会因台风或植物的重量而容易倒伏。也有播种之后过 50～70d 就开花的早开品种，所以要分早开和秋开来播种。

扦插繁殖，在 5 月进行，可选取粗壮的顶枝，剪取 8～10cm 长的一段作插条，以 3～5 株为一丛插于花盆内，盆宜埋在土中，露出地面 4～5cm，进行浇水遮阴，半个月后即生根。生根后每 15d 施薄肥液 1 次，长到 15cm 时再摘去顶芽，促使多分枝。若肥水控制得当，45d 左右便可见花。在生长期间也可行扦插繁殖，于节下剪取 15cm 左右的健壮枝梢，插于沙壤土内，适当遮阴及保持湿度，6～7d 即可生根。中南部地区 4 月春播，发芽迅速，播后 7～10d 发芽。也可用嫩枝扦插繁殖，插后 15～18d 生根。幼苗具 4～5 片真叶时移植，并摘心，也可直播后间苗。如栽植地施以基肥，则生长期不需再施肥，土壤若过肥，枝叶易徒长，开花减少。7～8 月高温期间开花者不易结籽。波斯菊为短日照植物，春播苗往往枝叶茂盛开花较少，夏播苗植株矮小、整齐、开花不断。

（3）产量表现 大波斯菊开花后约 30d 花球呈褐色，种子也呈褐色。并略有裸露时，即可人工采摘，以后每隔 2～3d 采收 1 次，连续采收 5～6 次。11 月上中旬初霜时将植株一齐收割，后熟晒干后脱出种子，风干后精选贮藏，单株种子产量 19.81g。

5. 毛华菊

毛华菊产于中国河南西部、湖北西部和东部及安徽西部的低山山坡和丘陵地。

（1）特征特性 多年生草本，高达 60cm，有匍匐根状茎。茎直立，上部有长粗分枝或仅在茎顶有短伞房状花序分枝。全部茎枝被稠密厚实的贴伏短柔毛，后变稀毛。下部茎叶花期枯萎。中部茎叶卵形、宽卵形、卵状披针形或近圆形或匙形，长 3.57cm、宽 24cm，边缘自中部以上有浅波状疏钝锯齿，极少有 23 个浅钝裂的，叶片自中部向下楔形，叶柄长 0.51cm，柄基偶有披针形叶耳。上部叶渐小，同形。全部叶下面灰白色，被稠密厚实贴伏的短柔毛，上面灰绿色，毛稀疏。中下部茎叶的叶腋常有发育的叶芽。头状花序直径 23cm，313 个在茎枝顶端排成疏松的伞房花序。总苞碟状，直径 11.5cm。总苞片 4 层，外层三角形或三角状卵形，长 3.5～4.5cm，中层披针状卵形，长约 6.5mm，内层倒卵形或倒披针状椭圆形，长 67mm。中外层外面被稠密短柔毛，向内层毛稀疏。全部苞片边缘褐色膜质。舌状花白色，舌片长 1.2cm。瘦果长约 1.5mm。花果期 8～11 月。

（2）栽培要点 以肥沃的沙壤土为好。播种前或移栽前，施足基肥，精细整地。以扦插繁殖为好，其方法是：在 5～6 月份，选取长约 5～6cm 的嫩梢，摘去茎部 2～3 叶，把嫩梢扦插于苗床，深度为嫩梢长度的 1/2。插后保持土壤湿润，喷施新高脂膜，减少水分蒸发，防病菌侵染，并用遮阳网遮阴，半个月左右成活。定植时结合浇定根水施一次稀薄人畜粪，每亩约 1500kg，以利成活。每采收一次结合浇水追肥一次，每亩每次追施腐熟人畜粪 2000kg。如果实行多年生栽培，在地上部茎叶完全干枯后，于霜冻前割去茎秆，重施一次过冬肥，培土 5cm 左右，有利于安全越冬和早春萌发。

6. 甘菊

甘菊，多年生草本，高 0.3～1.5m，有地下匍匐茎。茎直立，自中部以上多分枝或仅上部伞房状花序分枝。茎枝有稀疏的柔毛，但上部及花序梗上的毛稍多。基部和下部叶花期脱落。中部茎叶卵形、宽卵形或椭圆状卵形，长 2～5cm，宽 1.5～4.5cm。二回羽状分裂，一回全裂或几乎全裂，二回为半裂或浅裂。一回侧裂片 2～4 对。最上部的叶或接花序下部的叶羽裂、3 裂或不裂。全部叶两面同色或几乎同色，被稀疏或稍多的柔毛或上面几乎无毛。

中部茎叶叶柄长 0.5～1cm，柄基有分裂的叶耳或无耳。头状花序直径 10～20mm，通常多数在茎枝顶端排成疏松或稍紧密的复伞房花序。总苞碟形，直径 5～7mm。总苞片约 5 层。外层线形或线状长圆形，长 2.5mm，无毛或有稀柔毛；中内层卵形、长椭圆形至倒披针形，全部苞片顶端圆形，边缘白色或浅褐色膜质。舌状花黄色，舌片椭圆形，长 5～7.5mm，顶端全缘或 2～3 个不明显的齿裂。瘦果长 1.2～1.5mm。花果期 5～11 月。甘菊喜温暖湿润气候、阳光充足，忌遮阴，耐寒，稍耐旱，怕水涝，喜肥。

甘菊最适生长温度 20℃ 左右，在 0～10℃ 以下能生长，花期能耐 −4℃，根可耐 −17～−16℃ 的低温。对土壤要求不严。以地热高燥、背风向阳、疏松肥沃、含丰富的腐殖质、排水良好、pH6～8 的沙质壤土或壤土栽培为宜。忌连作，可与早玉米、桑、蚕豆、烟草、油菜、大蒜、小麦间套作。黏重土、低洼积水地不宜栽种。

(1) 栽培要点 扦插繁殖、育苗移栽法，4 月下旬至 5 月上旬截取母株的幼枝作插穗，随剪随插，插穗长 10～12cm，顶端留 2 片叶，除去下部 2～3 节的叶片，插入土中 5cm，顶端露出 3cm，按行距 24cm 开沟，沟深 14cm，每隔 15～20cm 扦插 1 株，覆土压实，浇水。扦插后要遮阴，经常浇水保湿，松土除草，每隔半月施稀人粪尿 1 次，约经 15～20d 生根，待生长健壮后即可移栽。亦可使用两次扦插法，使移栽推迟至 5 月下旬至 6 月上旬。

分株繁殖，11 月选优良植株，收花后割除残茎，培土越冬。4 月中、下旬至 5 月上旬，待新苗长至 15cm 高，选择阴天挖掘母株，将健壮带有白根的幼苗适当剪去枝叶，按行株距 40cm×40cm 开穴，每穴栽 1～2 株，剪去顶端，填土压实，浇水。

生长期间需中耕除草 3～4 次，每隔半月 1 次，后两次中耕除草结合培土。苗高 30～40cm 进行打顶，第 2 次在 6 月底，第 3 次不迟至 7 月下旬。菊花喜肥，但应控制施氮肥，以免徒长，遭病虫为害。一般在幼苗成活后施稀人粪尿或尿素，开始分枝时施人畜粪及腐熟饼肥，9 月施浓粪肥，增加过磷酸钙，施肥应集中在中期。生长前期少浇水，遇旱浇水，9 月孕蕾期注意防旱。雨季要排除积水，以防烂根。春、夏季采收，切段晒干。

(2) 产量表现　大棚西洋甘菊在种植密度为 4.76 万株/hm² 下，可以取得较高鲜花产量和品质，产量达 4726kg/hm²，干花精油含量达 0.400%。

7. 滁菊

滁菊主要产于滁州，是菊花中花瓣最为紧密的一种。

(1) 特征特性　滁菊株高 80～90cm，主茎直径 0.5～0.9cm，呈紫绿色，生长期需 2～3 次分枝，第一次分枝时长约 20～30cm，头状花序。全生育期约 10 个月，每年 2 月中下旬萌发，10 月底采收。单株着花约 110～220 朵，有效花约 80～150 朵。花盘直径 s4～5cm，花蕊直径 1.0～1.5cm，金黄色，花瓣 135～138 片，玉白色，单片长 1.5～1.7cm、宽 0.2～0.4cm，百朵鲜花重约 80～110g。

为多年生宿根植物，株高 60～110cm，茎直立基部稍木质化，上部多分枝，茎幼时绿色，成长后下部老根紫褐色。叶片互生，有细白的绒毛和明显的叶脉。叶片有 4 个深裂，每个裂片有 4～8 个小缺刻，状似锯齿。秋季"霜降"前后自茎顶开头状花序，如剑状，白花瓣，排列整齐，厚约3～9层，中央具管状花，为黄色，以头状花序作药用和茶用。滁菊喜温暖气候和阳光充足的环境，能耐寒，稍能耐旱，怕水涝，生长期要求土壤湿润，尤其近花期。在肥沃、疏松、排水良好、腐殖质丰富、pH中性至微酸的土壤中生长较好。

（2）栽培要点　秋季采摘花朵后，将地上茎秆齐地面割除，其余挖出重新栽植在肥沃大田里，或就地不动施一层土杂肥，保暖越冬。翌年3～4月浇水管理，4～5月当幼苗长至15～20cm高、木质化30%以上、茎秆呈紫绿色、直径0.3～0.5cm、有7～9片叶时全部挖出，选择生长健壮、无病虫害的植株分成数株移栽；经室内组织培养脱毒繁育的苗株高达到20cm左右、须根有10条以上即可移栽。

扦插繁育首先做好苗床，于4～5月份选充实健壮、无病害的新枝作插条，取其中段剪成10～15cm的小段，下端剪口斜剪成马耳形，摘除下端5～7cm范围的叶片，用1500～3000mg/kg吲哚乙酸蘸根，或每1万插穗用50g活性促根剂加50%多菌灵50g浸根，随剪随蘸（浸）随插，按行距20～25cm、株距6～7cm插入苗床压实浇水，保持苗床土壤湿润，约20d左右即可发根，经35～45d苗高20cm左右时可出圃移栽。

选地整墒移栽滁菊的大田应选择地势高燥、土质疏松、土层深厚肥沃、排水良好的沙质土壤为佳。栽前翻耕，每亩施入腐熟农家肥1500～2000kg、45%三元复合肥20～30kg作基肥，精细整墒，作宽130～170cm、高20～25cm、沟宽30～40cm的墒畦，田四周埋好排水沟。选傍晚移栽，栽时将菊苗顶端用手掐去1～2cm长的嫩梢头，以减少养分消耗、促其多分枝。一般在整好的畦面上按行株距40cm×40cm、穴深5～7cm挖穴栽插，每穴1株，栽后覆土压紧，随即浇透定根水。

（3）产量表现　在育苗与大田移栽时都施用微生物有机肥，滁菊产量、黄酮含量、叶绿素以及叶片氮素含量分别为 267.47g/株、32.41mg/g、19.67％和 2.13mg/g。

8. 亳菊

亳菊主产安徽亳州，是菊花中的珍品，2014 年被中国农业农村部登记为地理标志性农产品。

（1）特征特性 亳菊呈倒圆锥形或圆筒形，有时稍压扁呈扇状。离散。舌状花位于外围，雌性，类白色或淡黄白色，劲直，上举。散生金黄色腺点。管状花多数，两性，位于中央，常为舌状花所隐藏，黄色，顶端 5 齿裂。体轻，质柔润。气清香，味甘，微苦。亳菊品质优良。菊花生长适温在 18～21℃，最高 32℃，最低 10℃，地下根茎耐低温极限一般为－10℃，因此菊花露天栽培，江淮一带气温十分适宜。

属多年生宿根性短日照植物，每天小于 10h 的光照，有利于植株现蕾、开花。其茎直立。冬季地上部老茎枯死，翌年春季从地下根茎处再萌新芽，高可达 60～100cm，且分枝多；幼茎绿色，后木质化为灰褐色。叶绿色，有细绒毛、互生，其形状因品种不同略有区别。秋季茎顶或叶腋着生头状花絮，周缘舌状，花白色，中央管状花黄色，也有全为舌状花或管状花。花期 9～11 月。亳菊是喜温、喜光、喜肥中药材作物。肥沃的土壤、充足的光照是高产栽培所必需的条件，其耐寒性较强，但怕水涝、水渍，苗期和开花期干旱可导致生长受阻而造成减产。

（2）栽培要点 选择土壤较肥沃和有机质含量高，腐殖质、微生物丰富的疏松土壤作为亳菊种植地块。适时中耕除草，破除土壤板结。土壤质地黏性较强地块和低洼地块、盐碱地都不适宜种植亳菊，选地时忌重茬连作。施足基肥，施优质土杂肥 45t/hm²、饼肥 1500kg/hm²、复合肥 450～600kg/hm²。

采用分株繁殖法，可在 11 月收摘菊花后，选择生长健壮、无病虫为害植株带根挖出，去除其地上茎枝，重新选一块较肥沃的地块栽植，栽后施一层土杂肥或细碎作物秸秆以利保暖越冬。翌年

3月下旬至4月初去掉秸秆和扒开粪土、浇水，促使幼苗生长。当菊花幼苗长至约15cm高时，全株挖出，细分成数株，栽植于大田，移栽行株距均为40cm，每穴栽苗1～2株，并封土压实浇定根水，一般1hm²苗圃可产出15hm²的生产田用苗。采用扦插繁殖法，在4～5月或6～8月选择茎干粗壮、无病虫为害的新枝中段作插条。剪成10～12cm的小段，并用植物激素处理后将插条插入苗床，封土浇水再封土压实，行株距控制在行距20cm、株距6～7cm为宜，扦插20d发根，苗高18～20cm时即可移栽大田。分株繁殖苗于4～5月、扦插繁殖苗于5～6月移栽。选晴天的傍晚或阴天全天进行大田移栽，大田移栽行株距各40cm挖穴，穴深5～6cm，每穴栽1～2株，栽后封土压紧浇定根水后再封土压实。

水分管理，苗期以土壤见干见湿为主，植株长大后可适当控制浇水量，土壤相对含水量控制在70%～80%为宜，花芽分化期尽量控制水分，植株叶片不萎蔫不浇水。植株有侧芽或幼蕾期，应适当增加浇水量，防止缺水。浇水次数与浇水量视天气而定。浇水时不能漫灌，以防湿度过大导致植株萎蔫或死亡。亳菊是喜肥作物，除施足基肥外，生长期内还要追肥3～4次。去除顶心，当苗高25cm时，进行第1次摘心，选晴天摘去顶心1～2cm。以后每隔15d摘心一次，在大暑节气后要停止，防止分枝过多，造成茎干细弱营养不良、花头变小影响产量和质量。

（3）产量表现　一般产优质亳菊鲜花在1500～1800kg/hm²。在氮磷钾水肥充足的情况下，可产干花450～700kg/hm²。

9. 贡菊

贡菊是黄山市的传统名产，因在古代被作为贡品献给皇帝，故名"贡菊"。盛产于安徽省黄山市的广大地域。主产于著名旅游胜地黄山风景区与国家级自然保护区清凉峰之间，其生长在得天独厚的自然生态环境中，品质优良、色、香、味、型集于一体。

（1）特征特性　黄山贡菊色白、蒂绿、花心小，均匀不散朵，质柔软，气芳香，味甘微苦。花头外形呈扁球形或不规则球形，直径 1.5~2.5cm。舌状花斜生，管状花少，色白、蒂绿、质柔软、气味芳香，均匀不散朵。

(2) 栽培要点 种前准备工作，选择土壤深厚、有机质含量高、地下水位偏低的壤土或沙壤土地上进行种植，冬季要进行翻耕晒垄，有利改善土壤结构。选中地块后，要提早在晴天深翻土地，将 1500kg 栏肥施于畦中，施肥后盖好土。一般畦宽 1m、沟宽 35cm。及时移栽，贡菊花属无性繁殖，在清明前后，采用上年栽种的分蘖苗（扩种比例为 1∶10），栽种密度为行距 60cm、株距 30cm，每亩种 3000~3500 穴为宜，每穴栽苗 2 根，苗间距 8cm。移栽后要用淡水粪或低浓度过磷酸钙液点根两三次，促使早发根。

加强管理，贡菊根系生长较浅，需肥中等，要以有机肥为主，做到看苗施肥。总的施肥原则是施足基肥、轻施苗肥、巧施分枝肥、重施花蕾肥。移栽活苗前期尽量少施氮肥，防止徒长；到 8 月底菊花开始现蕾时是需肥高峰，每亩采用 20kg 复合肥加 10kg 过磷酸钙冲水泼浇。在做好施肥、除草管理的基础上，及时做好打顶工作。打顶能够抑制顶端生长优势，防止植株徒长，促进菊花分枝生长，增加花蕾数量。一般要进行 3 次打顶，分别在 5 月上中旬、6 月中旬、8 月中下旬进行。贡菊一般到 11 月采收，选择晴天露水干后进行，做到随摘随晾，以确保干花色泽。当花心有点黄色为采花适期，一般贡菊初花期为黄色，盛花期则转为白色。采花时的盛装物应选择竹框为宜，不能采用袋装，以确保花的原形。

(3) 产量表现 贡菊产量干花重 1.02~7.96g/株、粗蛋白 10.50~11.94%、总黄酮 4.94~7.86%、绿原酸 0.083~0.479%、铁 73.6~137.7mg/kg、锌 41.9~59.6mg/kg、铜 10.3~12.4mg/kg、锰 114.9~171.7mg/kg。

10. 怀菊

怀菊主产于河南沁阳市、孟州市、温县、博爱县、修武县等地区。

（1）特征特性 多年生草本，高 60～150cm。茎直立，基部木质，多分枝，具细毛或绒毛。叶有柄，叶片卵圆形至窄长圆形，长 3.5～5cm、宽 3～4cm，边缘有缺刻及锯齿，基部心形，下面白色绒毛。秋季开花，头状花序大小不等，直径 2.5～5cm，单生枝端或叶腋，或排列成伞房状，总苞片中央绿色，有宽阔膜质边缘，具白色绒毛，外圈舌状花白色、黄色、淡红色或带浅紫色，中央管状花黄色，也有全为舌状花或管状花。瘦果柱状，无冠毛。

怀菊喜温暖、耐寒冷，花能耐轻霜，根可忍受 −17℃低温。但在幼苗发育至孕蕾前均适宜较高的气温，如气温过低，植株生长不良，分枝和花都少。怀菊喜阳光充足，忌荫蔽，怕风寒，喜湿润。过于干旱，分枝少，植株生长缓慢，花期缺水则影响产量和质量；若土壤水分过多，则根部易腐烂，故每次浇水，水量不宜太大，雨季注意排水。怀菊喜肥，宜选择肥沃而排水良好的沙质土壤栽培，黏重及低洼积水地不宜栽种。土壤酸碱度以中性至微酸性为好，碱性土壤生长发育差。忌连作。否则病虫害多，会严重影响产量和加大成本。

（2）栽培要点 怀菊花喜温暖气候。宜种于干燥向阳背风地块，肥沃而排水良好的沙壤土或壤土；不宜种于低洼、黏土或盐碱地。栽培前施足底肥，将土地浅翻、细耙、整平、作平畦。畦宽 1.0～1.5m，长短依地形而定。扦插的苗床，应选地势平坦、排水较好地块，翻耕、耙细、整平后，再掺入适量的清洁细河沙使地表含沙量达 40%左右，然后压实待插。

在当年收割后，将选好的种菊留根不动（温度低的地方可用草粪盖住，保护过冬），翌春的谷雨前后发出新芽时，分株移栽。也可以在菊花收割后，挖出部分根，放在一处摆开，上盖土 6cm，再盖上草粪，保护过冬，翌年清明前后取出，按行株距均为 50cm 分株挖穴栽种。穴深 13～16cm，穴直径大小视种根大小而定，每穴 1 株，栽后浇水。栽的时间要掌握好，过早根嫩易断，有冻害，气温低，生长慢；过晚则温度高，成活率低，分枝少，产量低。

扦插繁殖在 4～5 月进行。选用粗壮、没有病虫害的新枝作插条，取其中段，截成 10～13cm 长，下端剪口接近腋芽，削成为马耳形斜面。摘除下部叶片，保留上部叶片，斜插苗床，深为插条的 2/3。插后浇水，覆土压实。插时苗床不宜过湿，过湿扦插后容易死苗。扦插前先在苗床上开沟，沟距 16cm、深 6cm，将插条按 8cm 株距排入沟中，插条上端露出土面 3cm 左右，保持湿润。避免阳光直射，一般 20d 左右能生出新根。待吐出 2～3 片新叶后选阴雨天或傍晚，将新的扦插苗带土块由苗床中起出，移植大田。用此法繁殖，成活率很高。

（3）产量表现 在肥水充足条件下，怀菊产量可达 1721～3966kg/hm²，粗蛋白含量 8.62%～10.74%、磷 0.23%～0.31%、钾 2.46%～4.47%、锰 52.10～175.50mg/kg、铜 16.39～23.71mg/kg、锌 30.38～40.28mg/kg、铁 213.05～1976.43mg/kg。

二、菊花的营养特性及其影响因素

1. 不同品种菊花花瓣的营养品质分析

（1）20 种菊花营养素的质量分数比较 研究分析 20 种菊花花瓣的营养成分含量，它们的平均值分别为可溶性糖 63.28g/kg、可溶性蛋白 8.66g/kg、维生素 C 0.42g/kg、水分 875.6g/kg、粗纤维 26.5g/kg、有机酸 2.1g/kg、锌 43.6mg/kg、铁 307.2mg/kg、镁 1548.6mg/kg、钙 4063.4mg/kg、钠 153mg/kg、钾 2893.1mg/kg。可溶性糖质量分数除 "常紫" 与 Q054-8 品种间差异不显著外，其余品种间均存在显著差异，其中 "日本银莲" 的可溶性糖质量分数最高，为 84.0g/kg，"九月白" 最低，为 47.7g/kg。可溶性蛋白以食用菊品种 "精兴久映" 的质量分数最高，为 14.3g/kg，"九月白" 最低，为 4.4g/kg。

维生素 C 和水分质量分数在各品种间差异均达到了显著水平。"常紫" 的维生素 C 质量分数最高，达 0.6988g/kg；Q06-4-1 的维生素 C 最低，为 0.1785mg/kg；观赏菊品种 "常紫" 和 "紫大红"

的维生素 C 质量分数比 3 个食用菊品种还高；各品种的水分含量均在 80％以上。粗纤维质量分数以"钟山紫荷"最高，为 34.1g/kg，"海林黄"最低，为 7.5g/kg。有机酸质量分数在各品种间差异并不十分显著，为 0.7～4.4g/kg。

测定的 20 个菊品种均含有 6 种矿质元素，但质量分数差异较大，其中各品种锌质量分数为 18～74mg/kg，"秋韵"最高；铁质量分数为 118～1144mg/kg，"香槟紫"最高；镁质量分数为 1.3～2.0g/kg，DF-6 最高；钙质量分数为 2.5～6.8g/kg，"香槟紫"最高；钠质量分数为 58322mg/kg，"旱白"最高；钾质量分数为 20.1～42.7g/kg，"秋韵"最高。许多观赏菊品种的矿质元素质量分数高于 3 个食用菊品种。

菊花花瓣中氨基酸种类丰富。在所测的 15 种氨基酸中，有 7 种人体必需氨基酸、8 种药用氨基酸和 4 种增香剂氨基酸。所测氨基酸的种类和含量分别为丙氨酸 17.9～63.6mg/kg、丝氨酸 12.7～21.0mg/kg、甘氨酸 6.4～19.2mg/kg、胱氨酸 52.0～90.1mg/kg、苏氨酸 4.2～5.3mg/kg、蛋氨酸 19.2～38.0mg/kg、异亮氨酸 4.7～8.0mg/kg、天冬氨酸 10.1～24.0mg/kg、亮氨酸 15.5～35.2mg/kg、酪氨酸 6.5～13.5mg/kg、苯丙氨酸 9.2～23.6mg/kg、组氨酸 40.2～120.4mg/kg、精氨酸 4.3～11.8mg/kg、赖氨酸 5.2～21.3mg/kg、谷氨酸 40.6～63.0mg/kg、必需氨基酸 133.3～255.6mg/kg、总必需氨基酸 237.9～520.5mg/kg，在不同品种间，人体必需氨基酸含量占总氨基酸含量的 43.20％～48.99％。各品种均以组氨酸及胱氨酸的质量分数为最高，其次是丙氨酸和苯丙氨酸，苏氨酸的质量分数最低（金潇潇等，2010）。

（2）10 种菊花营养物质含量比较　以引自郑州、北京等地的 10 个食用菊花品种 Xiah、Xiab、Huangzh、Zaoch、Long1、Long2、Long3、Long4、Long5、Long7 为试材，于盛花期分别采集各菊花品种七成开放的头状花序，摘取舌状花花瓣用于各项目指标的测定。

食用菊花中铁、锌含量相对较多，硒含量其次，而硒含量最低。各品种硒含量差异不大，其中 Long5 含量最多（28.66mg/kg），Long1 次之，Huangzh 最少。而品种间锌含量差异较大，其中 Long5 的锌含量最高（757.50mg/kg），是最低含量品种 Xiah 的 20 倍，Xiab 次之。从铁元素含量来看，以 Xiah 最高，其次是 Xiab、Long5、Huangzh、Zaoch，而 Long2 含量最低。从硒元素含量来看，以 Xiab 最高（53.0μg/kg），Zaoch 和 Long5 次之，而 Long3 和 Long4 最低。总体来说，Long5 和 Xiab 的硒、锌、铁、硒元素含量水平较高。

在食用菊花中 17 种氨基酸的含量水平差异较大。其中，谷氨酸的含量最高，各品种平均达 25273mg/kg，其次是天冬氨酸、脯氨酸和亮氨酸，各品种平均为 15941mg/kg、12350mg/kg 和 9861mg/kg，而蛋氨酸和胱氨酸平均含量较低，仅为 1965mg/kg 和 1641mg/kg。同时发现，食用菊花中含有 7 种人体必需氨基酸，以 Long4 品种含量最高，总量为 58110mg/kg，其次是 Long5、Long2 和 Long1，总量分别为 55740mg/kg、55450mg/kg 和 54930mg/kg。从各品种的 17 种氨基酸总体含量来看，以 Long4 最高（195890mg/kg），其次是 Long2、Long1 和 Long5，含量分别为 179570mg/kg、169030mg/kg 和 167190mg/kg；而 Xiab 和 Xiah 的含量最低，分别为 116200mg/kg 和 105740mg/kg（王茹华等，2009）。

Logn1 和 Long2 的总黄酮含量分别达到 300.0mg/g 和 286.4mg/g，显著高于其他几个品种。从蛋白质来看，Xiab 最高（197.64mg/g），其次是 Zaoch、Long2 和 Long5，而 Long1 的含量最低，其余品种间差异不显著。从可溶性糖含量来看，除 Zaoch 的含量显著低于其他品种，Huangzh 显著高于 Long1、Long7 外，其余品种间差异不显著。就钠含量来看，除 Long3 显著高于其他品种，Long1、Long2 显著高于 Xiab、Huangzh 外，其余各品种间差异不显著；各品种钾含量的差异均未达到显著水平。

(3) 3 个菊花品种的营养价值分析 3 个菊花品种唐宇金秋、

紫色兼六香菊、白色兼六香菊，取自盛花期（即花开第 13d）的菊花花瓣进行相关生理指标的测定。3 个品种菊花的花瓣中可溶性蛋白质含量差别不大，其中以唐宇金秋的含量最高，达到 $96.12\mu g/g$，白色兼六香菊的含量最低，为 $85.63\mu g/g$。3 个品种菊花的花瓣中以白色兼六香菊的可溶性糖含量最高，达到 $5.0\mu g/g$，但总的来说 3 个品种花瓣的可溶性糖含量均不高（徐慧颖等，2011）。

超氧化物歧化酶含量，在 3 个品种菊花的花瓣中，以唐宇金秋品种为最高，紫色兼六香菊最低。超氧化物歧化酶是生物体内重要的抗氧化酶，是清除自由基的重要物质，人体不断补充超氧化物歧化酶能够有效延缓细胞衰老。体内的超氧化物歧化酶活力越高，清除自由基的能力就越强，对人体健康也越有益，3 个品种在补充超氧化物歧化酶方面以唐宇金秋的花瓣为最佳。

在 3 个品种菊花的花瓣中，紫色兼六香菊过氧化物酶活力最高，其次是白色兼六香菊，最低的是唐宇金秋。过氧化物酶活力越高，抗氧化能力越强，菊花本身的寿命也越长。超氧化物歧化酶和过氧化物酶等抗氧化酶共同组成生物细胞中的防御酶系统，能有效地清除代谢过程中产生的活性氧，使生物体内活性氧维持低水平，防止活性氧引起的膜脂过氧化及其他伤害过程。从过氧化物酶活力的角度考虑，食用紫色兼六香菊是较好的选择。

3 个菊花品种的花瓣中，维生素 C 含量有一定的差别，其中唐宇金秋的含量最高，白色兼六香菊和紫色兼六香菊差别不明显。维生素 C 为细胞中主要的非酶促抗氧化剂之一，在活性氧的清除中发挥重要作用，同时维生素 C 还可抑制黑色素的活力，有效防止雀斑的形成，具有保持肌肤美白的效果。补充维生素 C 应选择含量高的唐宇金秋品种。3 个菊花品种花瓣中氨基酸含量的差别较大，其中以白色兼六香菊含量最高，是唐宇金秋含量的 3.1 倍。氨基酸是构成生物功能大分子蛋白质的基本单位，并起到氮平衡的作用，是生物体内不可缺少的营养成分之一。在食用菊花花瓣时，从补充氨基酸的角度考虑，应优先选择白色兼六香菊。

2. 氮素营养对药用菊花氮代谢及产量品质的影响

（1）氮素营养对药用菊花叶片内氮代谢的影响 氮素是植物体重要的结构物质，也是生理代谢中各种关键酶的组成成分。氮代谢是植物体最基本的物质代谢之一，硝酸还原酶是植物氮代谢的关键酶，其活性大小影响着植物体的生理代谢。铵态氮、硝态氮是植物吸收氮素的主要形态，尿素也是植物吸收氮素的主要有机态氮之一，3种氮素形态配合施用能提高植物的硝酸还原酶活性（唐晓清等，2013）。另外，铵态氮在植物根部直接转化成酰胺态氮和氨基酸被植物体吸收，这一过程需要谷氨酰胺合成酶的催化，而铵态氮比例高的营养供给能提高黄檗幼苗叶片内谷氨酰胺合成酶活性（李霞等，2006）。

李丽等（2015）研究表明，氮肥能显著提高药用菊花叶片内氮代谢关键酶活性和氮代谢产物含量，从而有效促进了药用菊花的生长、菊花产量及药用品质的提高。氮素形态对菊花叶片内氮代谢相关生理指标的影响不同，铵态氮对硝酸还原酶活性的影响最大，酰胺态氮对谷氨酰胺合成酶活性的影响最大。张新要等（2005）、刘东军等（2011）的研究得到了相似的结果，即铵态氮对硝酸还原酶活性既有促进作用，又有抑制作用，但一致认为，铵态氮可激活谷氨酰胺合成酶活性。

氮素营养是植物体生长发育的基础，氮素形态影响着植物体氮代谢产物含量。据报道，作物组织中游离氨基酸的含量明显受到外源氮素形态和用量的影响。李丽等（2015）研究发现，铵态氮对菊花叶片内硝酸盐、总游离氨基酸和可溶性蛋白含量的影响均最大。然而，这些结果与王强等（2008）的研究结果不一致，究其原因可能与铵态氮对硝酸还原酶活性的影响有关。硝态氮被植物体吸收后，大部分被还原成氨基酸和蛋白质，少部分在植物的组织器官中贮存起来，硝酸盐的还原和同化受硝酸还原酶、谷氨酰胺合成酶等氮代谢关键酶的共同调节（刘丽等，2004）。关于酰胺态氮对药用菊花氮代谢相关酶活性的影响，由于相关研究报道比较少，初步推断其原因可能是酰胺态氮对药用菊花不同器官、不同生育期氮代谢关键酶和氮代谢产物积累量的影响机制不同，具体的影响机制还需进一步研究。

（2）氮素营养对药用菊花产量和品质的影响 一般认为，不同形态的氮素混合施用优于单施，混合施氮增产效果明显。混合施氮后菊花单株花序干重较缺氮处理显著提高。氮代谢是植物体次生代谢很重要的代谢途径，氮素通过促进植物的碳氮代谢来提高植物体黄酮类、绿原酸等代谢物质的含量。氮素水平和氮素形态的差异影响着植物体氮素向次生代谢产物的分配。酰胺态氮对药用菊花总黄酮含量的影响最大，铵态氮最小，说明铵态氮不利于药用菊花黄酮类化合物的积累。

硝态氮对药用菊花绿原酸和木犀草苷质量分数的影响高于酰胺态氮和铵态氮，酰胺态氮对木犀草苷和双咖啡酰基奎宁酸含量的影响最大，即氮素形态不同，对药用菊花次生代谢的效应不同，造成此类现象的原因可能与不同形态氮对药用菊花碳氮代谢关键酶活性的作用、不同形态氮的吸收同化机制、生长环境以及植物自身的遗传特性等多种因素有关。氮素营养通过提高药用菊花碳氮代谢关键酶活性提高单株花序干重，并促进次生代谢产物的合成，从而提高药用菊花成分含量。可见，不同形态氮的平衡施用能提高药用菊花产量和品质（李丽等，2015）。

3. 不同钾肥用量对福田河白菊产量和质量的影响

试验处理设置 6 个钾肥水平，分别为氧化钾 0、1.0g/盆、2.0g/盆、4.0g/盆、6.0g/盆、8.0g/盆，并分别用代号 K1、K2、K3、K4、K5、K6。

（1）钾肥施用量对菊花产量和绿原酸的影响 不施钾时菊花鲜花产量低，提高钾肥施用量后，K2～K4 处理鲜花产量显著上升，总产量较 K1 处理提高了 22.7%～33.6%。但当施钾超过 4.0g/株时，K5 和 K6 处理的鲜花产量不再上升，反而显著下降。当初花期外界温度较低时，缺钾植株易早衰，从而一定程度上促进了植株提早开花，因而 K1 和 K2 处理的头水花产量比其他施钾处理相对较高。鲜花产量结果表明，福田河白菊全生育期钾肥施用量以 2.0～4.0g/株为宜。

钾肥施用量对菊花总黄酮的影响：菊花中头水花总黄酮的量最高，二水花其次，三水花最低。施钾量显著影响菊花总黄酮的量。在施钾量为 1.0～4.0g/株时，菊花头水花和二水花总黄酮的量随施钾量增加而大幅上升；但当施钾量超过 4.0g/株时，高钾处理（K5 和 K6）这两水花中总黄酮的量不再增加反而有不同程度下降；菊花三水花中总黄酮的量同施钾量一直成正比。施钾量也显著影响了菊花总黄酮的累积量。随着施钾量提高，菊花头水花总黄酮累积量变化不大，二水花、三水花和总花中总黄酮累积量均随施钾量增加而显著上升，当施钾量超过 4.0g/株后，菊花总黄酮累积量也不再继续增加，反而有小幅下降。菊花中总黄酮的量和累积量表明，福田河白菊全生育期钾肥施用量以 4.0g/株为宜。

菊花中绿原酸的量在头水花中最高，在二水花和三水花中相差不大。菊花中绿原酸一般随钾肥施用量增加而逐步增加，只是当施钾量超过 4.0g/株时，两高钾处理（K5 和 K6）头水花和二水花中绿原酸上升幅度与低钾水平相比明显减小。在施钾量为 0～4.0g/株时，菊花中绿原酸累积量随钾肥施用量增加而显著上升；但施钾量超过 4.0g/株后，由于高钾导致菊花产量降低，所以 K5 和 K6 处理花中绿原酸累积量也有一定程度的降低。综合菊花中绿原酸的量和累积量看，福田河白菊全生育期钾肥施用量以 4.0～6.0g/株为宜。

(2) 钾肥施用量对菊花可溶性糖、粗蛋白和钾的影响　菊花可溶性糖的量随采收期延续从头水花、二水花到三水花一般逐步增加，特别是末花期，其量的上升幅度更明显。不同采收期菊花可溶性糖的量随施钾量的变化规律不尽相同，头水花和二水花中可溶性糖随着施钾量增加先上升后有所下降，而三水花中可溶性糖随着施钾量的增加而逐步增加。菊花中粗蛋白的量随采收期推进明显下降，而可溶性总氨基酸的量一般有逐步升高的趋势。由于钾肥施用量对菊花氮的量影响较大，这也显著影响其可溶性总氨基酸和粗蛋白的量。随着施钾量逐步升高，菊花可溶性总氨基酸和粗蛋白的量逐渐降低。将不同花期菊花总黄酮和绿原酸的量同花中可溶性总氨基酸和粗蛋白的量进行相关分析，发现菊花总黄酮和绿原酸的量同花中可溶性总氨基酸和粗蛋白的量之间呈显著负相关。不同花期菊花可溶性糖的量同总黄酮和绿原酸的量有正相关趋势，只是经统计未达显著水平。

钾肥施用量对菊花钾和氮的影响：随着钾肥施用量逐步增加，菊花中钾的量显著上升，但当施钾量超过 6.0g/株时，继续提高钾肥施用量，花中钾的量不再显著增加。当施钾量较低（0～2.0g/株）和较高（4.0～8.0g/株）时，菊花氮、钾两元素间存在着明显的拮抗作用，即随着施钾量和花中钾量的逐步增加，花中氮量显著降低；但当施钾量在 2.0～4.0g/株时，施钾量对花中氮量影响不大。各处理菊花中钾和氮两元素在头水花和二水花中量较高，且两水花之间量相差不大；而各处理三水花钾和氮量较头两水花均有不同程度的下降。花中氮/钾值同钾肥施用量之间显著负相关，且同一处理在不同采收期花中氮/钾值基本接近（刘大会等，2007）。

三、菊花粕的利用技术

案例
菊花粕对蛋鸡的营养价值评定

（1）材料与方法　选取 1.5kg 左右的海兰灰公鸡 16 只，分为 2 组，每组 4 个重复，以重复为单位单笼饲养。用套算法进行两次代谢试验，第一次将两组试验鸡分别饲喂种鸡基础日粮和种鸡试验日粮（80％基础日粮＋20％菊花粕），第二次与前次相反。

预试期 5d，以减少应激，使试验鸡适应环境。预饲期间各组均饲喂试验期日粮。正试期 36h，此期间限制其采食，每日喂料 1 次，每次饲喂 40g（待测料），饲喂后立即装上集粪瓶，收排泄物。根据排泄情况换集粪瓶，每天收集 3～4 次。

（2）结果与分析

① 菊花粕常规成分测定结果。菊花粕（干物质基础）的总能和粗脂肪含量分别为 14.39% 和 1.79%，略比玉米低 8.96% 和 95.53%，但粗蛋白和粗纤维的含量分别高于玉米 38.46%、949.38%，钙和总磷分别是玉米的 42 倍、1.04 倍。菊花粕常规成分分析结果参见表 3-18。

表 3-18 菊花粕与玉米常规成分含量

营养	总能/(MJ/kg)	粗蛋白/%	粗脂肪/%	粗纤维/%	钙/%	总磷/%
菊花粕	14.39	10.8	1.79	16.79	0.86	0.28
玉米	15.68	7.8	3.5	1.6	0.02	0.27

本试验中检测发现，菊花粕中公鸡体内所需的必需氨基酸（干物质基础）赖氨酸、蛋氨酸含量分别为 0.59%、0.18%，高于玉米中赖氨酸、蛋氨酸 1.57、0.2 倍。菊花粕氨基酸检测结果见表 3-19。

表 3-19 菊花粕与玉米氨基酸含量

氨基酸	赖氨酸/%	蛋氨酸/%	苏氨酸/%	胱氨酸/%	亮氨酸/%	缬氨酸/%
菊花粕	0.55	0.17	0.44	0.1	0.79	0.58
玉米	0.23	0.15	0.31	0.15	1.19	0.37

② 菊花粕各营养物质利用率及代谢能测定结果。本试验根据套算法测得蛋公鸡对菊花粕养分的利用率，粗蛋白、钙、总磷的利用率分别为 45.40%、37.72% 和 23.57%，菊花粕代谢能为 13.36MJ/kg。菊花粕的代谢能相较于玉米的代谢能（13.56MJ/kg）低 0.2MJ/kg，菊花粕中粗蛋白和粗纤维占干物质的比例分别为 10.80% 和 20.79%，基本符合标准，菊花粕作为非常规饲料原

料替代部分玉米在理论上可行。菊花粕各营养物质利用率及代谢能测定结果参见表3-20。

表3-20 菊花粕营养物质利用率及代谢能

成分	能量利用率/%	粗蛋白利用率/%	钙利用率/%	总磷利用率/%	代谢能/(MJ/kg)	可利用粗蛋白/%	可利用钙/%	可利用磷/%
菊花粕	83.83±0.97	45.40±1.36	37.72±1.51	23.57±0.67	13.36±0.24	3.57±0.11	0.32±0.01	0.07±0.01

(3) 结论 菊花粕营养物质种类丰富，据研究分析，菊花粕含水量为8%～15%、蛋白质8.51%～12%、脂肪0.5%～11.5%、粗纤维15.8%～30.5%、中性洗涤纤维41.62%～50.36%、酸性洗涤纤维40.43%～44.57%、总能17.41～18.91MJ/kg。菊花粕矿物质含量丰富，其中常量元素钾0.05%～0.52%、镁0.23%～0.25%、氯0.74%，微量元素铁、镁、铜、锌含量均高于玉米秸、羊草等粗饲料，菊花粕中含有Ala、Met、Thr、Val、Lys、Arg、His等17种人体所需却无法自身合成的必需氨基酸。

本试验中菊花粕（干物质为基础）粗蛋白含量10.80%、脂肪1.79%、粗纤维28.79%，这与上述研究中的结果相符。另外，本试验测得菊花粕代谢能为13.36MJ/kg，略低于二级玉米代谢能，可替代蛋鸡饲料原料中部分玉米。但由于其粗纤维含量较高，故添加比例不宜过大，建议1%～3%。

第三节 蒿草

一、优质蒿草品种

1. 青蒿

青蒿，一年生草本，植株有香气。青蒿分布于重庆、吉林、辽宁、河北（南部）、陕西（南部）、山东、江苏、安徽、浙江、江西、福建、河南、湖北、湖南、广东、广西、四川（东部）、贵州、云南等省区。

（1）特征特性　主根单一，垂直，侧根少。茎单生，高 30～150cm，上部多分枝，幼时绿色，有纵纹，下部稍木质化，纤细，无毛。叶两面青绿色或淡绿色，无毛；基生叶与茎下部叶三回栉齿状羽状分裂，有长叶柄，花期叶凋谢；中部叶长圆形、长圆状卵形或椭圆形，长 5～15cm、宽 2～5.5cm，二回栉齿状羽状分裂，第一回全裂，每侧有裂片 4～6 枚，裂片长圆形，基部楔形，每裂片具多枚长三角形的栉齿或为细小、略呈线状披针形的小裂片，先端锐尖，两侧常有 1～3 枚小裂齿或无裂齿，中轴与裂片羽轴常有小锯齿，叶柄长 0.5～1cm，基部有小型半抱茎的假托叶；上部叶与苞片叶 1～2 回栉齿状羽状分裂，无柄。

头状花序半球形或近半球形，直径 3.5～4mm，具短梗，下垂，基部有线形小苞叶，在分枝上排成穗状花序式的总状花序，并在茎上组成中等开展的圆锥花序；总苞片 3～4 层，外层总苞片狭小，长卵形或卵状披针形，背面绿色，无毛，有细小白点，边缘宽膜质，中层总苞片稍大，宽卵形或长卵形，边宽膜质，内层总苞片半膜质或膜质，顶端圆；花序托球形；花淡黄色；雌花 10～20 朵，花冠狭管状，檐部具 2 裂齿，花柱伸出花冠管外，先端 2 叉，叉端尖；两性花 30～40 朵，孕育或中间若干朵不孕育，花冠管状，花药线形，上端附属物尖，长三角形，基部圆钝，花柱与花冠等长或略长于花冠，顶端 2 叉，叉端截形，有睫毛。瘦果长圆形至椭圆形。花果期 6～9 月。青蒿喜湿润、忌干旱，怕渍水，光照要求充足。

（2）栽培要点　选地整地，应选择水源有保证，能排能灌的田块。经深翻犁耙、碎土。每亩施腐熟农家肥或土杂肥 1000～1250kg、磷肥 25～30kg 作基肥。开沟起厢种植。起厢规格为：宽 1.2m、沟宽 0.4m、沟深 0.2～0.5m，每厢种 2 行，株行距为

0.8m×0.8m。适时移栽，当假植苗达到 10～15cm 时进行移栽，移栽时选择阴天或晴天下午进行。栽后淋足定根水。可合理密植，亩植 1000 株左右。幼苗假植，应选择水源充足的田块，起厢种植。要求厢面宽 1.2m，假植规格株行距为 10～15cm。假植后加强肥水管理。可用腐熟人粪尿或亩用复合肥 5kg 冲粪水淋施，做到勤施薄施。大约假植 18～20d（气温低时约需 25～30d）当植株生长到 10～15cm 时，即可移至大田种植。

青蒿田间管理，移栽后应加强田间管理。做到科学施肥，合理排灌。可分三个阶段施肥。第一阶段：移栽 1 周左右轻施复合肥或农家肥。亩用复合肥 5～7.5kg 或用 0.3％复合肥水淋施。第二阶段：移栽后 15～20d，每亩开穴施复合肥 17.5kg 左右或腐熟农家肥，施肥后进行复土。第三阶段：移栽 35～45d 后亩施 25kg 复合肥或农家肥，结合培土。大田种植要防渍水，在雨季注重排出渍水，干旱时要及时灌水。

（3）产量表现 青蒿干物质产量可达 1355～1439kg/hm²，茎叶中粗蛋白含量 7.65％～13.24％、铁 360.0～637.5mg/kg、锰 270.3～129.6mg/kg、锌 29.2～57.5mg/kg、铜 14.3～17.5mg/kg。

2. 艾草

艾草为多年生草本植物，植株有浓烈香气。艾草分布广，除极干旱与高寒地区外，几乎遍及全国。

（1）特征特性 艾草植株有浓烈香气。主根明显，略粗长，直径达 1.5cm，侧根多；常有横卧地下根状茎及营养枝。茎单生或少量，高 80～150(～250) cm，有明显纵棱，褐色或灰黄褐色，基部稍木质化，上部草质，并有少数短的分枝，枝长 3～5cm；茎、枝均被灰色蛛丝状柔毛。

叶厚纸质，上面被灰白色短柔毛，并有白色腺点与小凹点，背面密被灰白色蛛丝状密绒毛；基生叶具长柄，花期萎谢；茎下部叶近圆形或宽卵形，羽状深裂，每侧具裂片 2～3 枚，裂片椭圆形或倒卵状长椭圆形，每裂片有 2～3 枚小裂齿，干后背面主、侧脉多为深褐色或锈色，叶柄长 0.5～0.8cm；中部叶卵形、三角状卵形或近菱形，长 5～8cm、宽 4～7cm，1～2 回羽状深裂至半裂，每侧裂片 2～3 枚，裂片卵形、卵状披针形或披针形，长 2.5～5cm、宽 1.5～2cm，不再分裂或每侧有 1～2 枚缺齿，叶基部宽楔形渐狭成短柄，叶脉明显，在背面凸起，干时锈色，叶柄长 0.2～0.5cm，基部通常无假托叶或极小的假托叶；上部叶与苞片叶羽状半裂、浅裂或 3 深裂或 3 浅裂；或不分裂，而为椭圆形、长椭圆状披针形、披针形或线状披针形。

头状花序椭圆形，直径 2.5～3.5mm，无梗或近无梗，每数枚至 10 余枚在分枝上排成小型穗状花序或复穗状花序，并在茎上通常再组成狭窄、尖塔形圆锥花序，花后头状花序下倾；总苞片 3～4 层，覆瓦状排列，外层总苞片小，草质，卵形或狭卵形，背面密被灰白色蛛丝状绵毛，边缘膜质，中层总苞片较外层长，长卵形，背面被蛛丝状绵毛，内层总苞片质薄，背面近无毛；花序托小；雌花 6～10 朵，花冠狭管状，檐部具 2 裂齿，紫色，花柱细长，伸出花冠外甚长，先端 2 叉；两性花 8～12 朵，花冠管状或高脚杯状，外面有腺点，檐部紫色，花药狭线形，先端附属物尖，长三角形，基部有不明显的小尖头，花柱与花冠近等长或略长于花冠，先端 2 叉，花后向外弯曲，叉端截形，并有睫毛。瘦果长卵形或长圆形。花果期 7～10 月。

(2) 栽培要点 生产中主要以根茎分株进行无性繁殖，需要注意分株的时间。但也可用种子繁殖。进行种子繁殖一般在 3 月份播种，根茎繁殖在 11 月份进行。选址需谨慎，畦宽 1.5m 左右，畦面中间高两边低似"鱼背"形，以免积水，造成病害。播种前要施足底肥，一般每亩施腐熟的农家肥 4000kg，深耕与土壤充分拦匀，排后即浇一次充足的底水。每采收一茬后都要施一定的追肥，追肥以腐熟的稀人畜粪为主，适当配以磷钾肥。生产中要保持土壤湿润。

(3) 产量表现 每年 3 月初在地越冬的根茎开始萌发，4 月下旬采收第一茬，每茬采收鲜产品 11250～15000kg/hm²，每年收获4～5 茬。

3. 牡蒿

牡蒿生于林缘、林下、旷野、山坡、丘陵、路旁及灌丛下。我国大部分地区均有分布，主产于江苏、四川等地。

(1) 特征特性　牡蒿，多年生草本，高 50～150cm。根状茎粗壮，常有若干条营养枝。茎直立，常丛生，上部有开展和直立的分枝，被微柔毛或近无毛。下部叶倒卵形或宽匙形，花期萎谢，长3～8cm、宽 1～2.5cm，下部渐狭，有条形假托叶，上部有齿或浅裂；中部叶匙形，长 2.5～4.5cm、宽 0.5～2cm，上端有 3～5 枚浅裂片或深裂片，每裂片上端有 2～3 枚小锯齿或无，近无毛或被微柔毛；上部叶近条形，三裂或不裂；苞片叶长椭圆形、披针形，先端不裂或偶有浅裂。头状花序多数卵球形或近球形，于分枝端排成复总状，有短梗及条形苞叶；总苞球形或长圆形，直径 1～2mm，无毛；总苞片 3～4 层，背面少叶质，边缘宽膜质；雌花3～8 朵，能孕；内层为两性花 5～10 朵，不孕。瘦果小，倒卵形，无毛。花果期 7～10 月。牡蒿喜富含腐殖质的壤土或沙壤土，且较耐贫瘠；喜温暖湿润气候，最适生长温度为 20～25℃，较耐旱，抗寒性强，喜光且较耐阴。

(2) 栽培要点　选地整地，牡蒿喜肥沃疏松 pH5～7 的壤土或沙壤土，播种前先深翻土地 30cm 左右，每亩施入腐熟的优质农家肥 2000kg 左右，拌匀后作成宽 1.2m、深 15cm 左右、长 10～20m的低畦，畦埂宽 30cm。将畦面耙平，按每平方米用种量 5～10g 将种子与细沙或细土混拌均匀后进行条播，行距为 20cm、沟深 1～2cm，播后覆土厚 0.3～0.5cm，然后喷水。播种最好覆盖黑色地膜保温保湿。

牡蒿播种后 10d 左右子叶出土，这时露地播种的应选择阴天或在傍晚撤掉地膜，以后根据天气情况适当浇水。日光温室播种需管理好棚室温度，白天保持在 20～25℃，夜温不低于 5℃。从子叶出土到第一片真叶展开需 15d 左右，此时开始按 2cm 间距间苗，间苗后浇水，以后适当控水炼苗。从第 1 片真叶展开至第 3 片真叶展开需 30～35d，此时苗高可达 8～10cm，进行移栽定植。

垂直畦面开 10cm 深沟，按株行距 20cm×20cm 进行移栽定植。定植完毕后开动水泵进行喷水，此时适当提高棚温，白天温度 27℃ 左右，不宜超过 30℃，夜间温度 10～15℃。2d 后缓苗，此时降低温度，白天控制在 20～25℃，夜间 10℃ 左右。牡蒿喜温暖环境，忌高温高湿环境，在水分管理上要求土壤见干见湿，间干间湿，一般每周浇一次透水。牡蒿耐贫瘠土壤，为了提高产量和品质，一般每 15d 左右施一次腐熟鸡粪（施入 1kg/m² 左右），施肥后浇水，有条件的情况下可追浓度为 15%～25% 的沼液，效果最好。当苗高 15cm 时进行摘心，促发侧梢，侧梢伸长至 15～20cm 时于侧梢基部留 2 个叶片采收。牡蒿以采食嫩茎为主，因此要适当控制光照强度。冬春季（11 月～次年 5 月）采用内挂遮阳网（遮光度 50%）遮光；夏秋季（6～9 月）采用利索喷涂遮光降温或将遮阳网盖于棚膜外，以利遮光和降温。每茬收割后，撒施腐熟鸡粪 1kg/m² 左右，有条件的地区可用沼液追肥。

4. 沙蒿

沙蒿分布于新疆、陕西、贵州、黑龙江、青海、河北、四川、辽宁、吉林、西藏、宁夏、山西、甘肃、内蒙古、云南等地，多生长于高山草原、草甸、砾质坡地、林缘、干河谷、河岸边、森林草原、路旁等，局部地区成片生长，为草原地区植物群落的主要伴生种。

(1) 特征特性 多年生草本，主根明显，木质或半木质，侧根少数；根状茎稍粗，短，半木质，直径 4～10mm，有短的营养枝。茎单生或少数，高 30～70cm，具细纵棱；上部分枝短或长，斜贴向茎端；茎、枝幼时被微柔毛，后渐脱落无毛。叶纸质，上面无毛，背面初时被薄绒毛，后无毛；茎下部叶与营养枝叶长圆形或长卵形，长 2～5cm、宽 1.5～4.5cm，二回羽状全裂或深裂，每侧有裂片 2～3 枚，裂片椭圆形或长圆形，长 1～2cm、宽 0.3～0.6cm，每裂片常再 3～5 深裂或浅裂，小裂片线形、线状披针形或长椭圆形，长 0.5～1.5cm、宽 1～1.5mm，叶柄长 1～3cm，除基生叶外，叶柄基部有线形、半抱茎的假托叶；中部叶略小，长卵形或长圆形，一至二回羽状深裂，基部宽楔形，叶柄短，具小型、半抱茎的假托叶；上部叶 3～5 深裂，基部有小型假托叶；苞片叶 3 深裂或不分裂，线状披针形或线形，基部假托叶小。

头状花序多数，卵球形或近球形，直径 2.5～3mm，有短梗或近无梗，基部有小苞叶，在分枝上排成穗状花序式的总状花序或复总状花序，而在茎上组成狭而长的扫帚形圆锥花序；总苞片 3～4 层，外层总苞片略小，卵形；中层总苞片长卵形；外、中层总苞片背面深绿色或带紫色，初时微有薄毛，后脱落无毛，边白色，膜质，内层总苞片长卵形，半膜质，背面无毛；雌花 4～8 朵，花冠狭圆锥状或狭管状，檐部具 2～3 裂齿，花柱长，伸出花冠外，先端 2 叉，叉端长锐尖；两性花 5～10 朵，不孕，花冠管状，花药线形，先端附属物尖，长三角形，基部圆钝，花柱短，先端稍膨大，不叉开。瘦果倒卵形或长圆形。花果期 8～10 月。

（2）产量表现　3 月下旬至 4 月上旬开始生长，8 月下旬停止生长，7～9 月为花期，9 月至 11 月上旬结果，10 月叶脱落，生长期 200d 左右。冬季几乎所有小叶脱落，但当年枝条和头状花序能很好地残留在植株上。种子（瘦果）千粒重 0.86g。第一年可采收 3 茬，从第二年 4 月开始，每年可连续采收 6～7 茬，每亩年产量可高达 3000kg 以上。

5. 黄花蒿

黄花蒿是菊科蒿属的一年生草本植物，广泛分布在国内各省。

（1）特征特性　一年生草本；植株有浓烈的香气。根单生，垂直，狭纺锤形；茎单生，高 100～200cm，基部直径可达 1cm，有纵棱，幼时绿色，后变褐色或红褐色，多分枝；茎、枝、叶两面及总苞片背面无毛或初时背面微有极稀疏短柔毛，后脱落无毛。叶纸质，绿色；茎下部叶宽卵形或三角状卵形，长 3～7cm、宽 2～6cm，绿色，两面具细小脱落性白色腺点及细小凹点，三（至四）回栉齿状羽状深裂，每侧有裂片 5～10 枚，裂片长椭圆状卵形，再次分裂，小裂片边缘具多枚栉齿状三角形或长三角形深裂齿，裂齿长 1～2mm、宽 0.5～1mm，中肋明显，在叶面上稍隆起，中轴两侧有狭翅而无小栉齿，稀上部有数枚小栉齿，叶柄长 1～2cm，基部有半抱茎的假托叶；中部叶二（至三）回栉齿状的羽状深裂，小裂片栉齿状三角形。稀少为细短狭线形，具短柄；上部叶与苞片叶一（至二）回栉齿状羽状深裂，近无柄。

头状花序球形，多数，直径 1.5～2.5mm，有短梗，下垂或倾斜，基部有线形的小苞叶，在分枝上排成总状或复总状花序，并在茎上组成开展、尖塔形的圆锥花序；总苞片 3～4 层，内、外层近等长，外层总苞片长卵形或狭长椭圆形，中肋绿色，边膜质，中层、内层总苞片宽卵形或卵形，花序托凸起，半球形；花深黄色，雌花 10～18 朵，花冠狭管状，檐部具 2（～3）裂齿，外面有腺点，花柱线形，伸出花冠外，先端 2 叉，叉端钝尖；两性花 10～30 朵，结实或中央少数花不结实，花冠管状，花药线形，上端附属物尖，长三角形，基部具短尖头，一般花柱近与花冠等长，先端 2 叉，叉端截形，有短睫毛。瘦果小，椭圆状卵形，略扁。花果期 8～11 月。

（2）栽培要点　种源地的整理在每年 11 月下旬到 12 月上旬，将种源地内的杂草烧掉，或把杂草连根锄掉晒干，烧制草皮灰，然后把这些草皮灰均匀撒在种源地中。在种源地的四周开好环地沟，中间开十字沟，以防渍水，并在地的周围用竹子或树枝打筑篱笆，把种源地圈起来，以避免遭受牛羊牲畜践踏。野生状态下黄花蒿的种子分布不均匀，春暖气温回升后，种子多的地方出苗多而细弱，因此，在四月上、中旬，当苗高 5～10cm 时，进行间苗、补苗，每 40～50cm 留一株或补种一株。

黄花蒿喜肥，补苗成活（7d）后就要追肥，一般施尿素 60kg/

hm²、过磷酸钙 37.5kg/hm²、硫酸钾 75kg/hm²。补苗后一个月，结合除草，施氮、磷、钾含量分别为 15％的复合肥 600～750kg/hm²。施肥后要进行培土，防止植株倾斜倒伏。打顶，当黄花蒿苗高 30～50cm 时，把主芽摘除，以促进侧枝萌发，有利提高种子产量。

(3) 产量表现 黄花蒿风干植物含水分 9.7％、乙醚可溶物 5.6％、水可溶物 26.6％、乙醇可溶物 0.8％、半纤维素 11.6％、纤维素 8.5％、木质素 9.6％、蛋白质 9.3％、灰分 10.1％、鞣质类 2.4％。风干植物经水气蒸馏，得带微绿有香的精油 0.18％。精油含率以开花期为最高，新鲜植物比久藏植物含率高。精油成分中含酮类物质 44.97％，其中蛔蒿酮 21％、1-樟脑 13％、1-8-桉叶素 13％、乙酸蛔蒿醇酯 4％、蒎烯 1％。

6. 茵陈蒿

茵陈蒿分布于辽宁、河北、陕西（东部、南部）、山东、江苏、安徽、浙江、江西、福建、台湾、河南（东部、南部）、湖北、湖南、广东、广西及四川等。

(1) 特征特性 茵陈蒿半灌木状草本，植株有浓烈的香气。主根明显木质，垂直或斜向下伸长；根茎直径 5～8mm，直立，稀少斜上展或横卧，常有细的营养枝。茎单生或少数，高 40～120cm 或更长，红褐色或褐色，有不明显的纵棱，基部木质，上部分枝多，向上斜伸展；茎、枝初时密生灰白色或灰黄色绢质柔毛，后渐稀疏或脱落无毛。营养枝端有密集叶丛，基生叶密集着生，常成莲座状；基生叶、茎下部叶与营养枝叶两面均被棕黄色或灰黄色绢质柔毛，后期茎下部叶被毛脱落，叶卵圆形或卵状椭圆形，长 2～4(～5) cm、宽 1.5～3.5cm，二（至三）回羽状全裂，每侧有裂片 2～3(～4) 枚，每裂片再 3～5 全裂，小裂片狭线形或狭线状披针形，通常细直，不弧曲，长 5～10mm、宽 0.5～1.5(～2) mm，叶柄长 3～7mm，花期上述叶均萎谢；中部叶宽卵形、近圆形或卵圆形，长 2～3cm、宽 1.5～2.5cm，

（一至）二回羽状全裂，小裂片狭线形或丝线形，通常细直、不弧曲，长 8～12mm、宽 0.3～1mm，近无毛，顶端微尖，基部裂片常半抱茎，近无叶柄；上部叶与苞片叶羽状 5 全裂或 3 全裂，基部裂片半抱茎。

头状花序卵球形，稀近球形，多数，直径 1.5～2mm，有短梗及线形小苞叶，在分枝的上端或小枝端偏向外侧生长，常排成复总状花序，并在茎上端组成大型、开展的圆锥花序；总苞片 3～4 层，外层总苞片草质，卵形或椭圆形，背面淡黄色，有绿色中肋，无毛，边膜质，中、内层总苞片椭圆形，近膜质或膜质；花序托小，凸起；雌花 6～10 朵，花冠狭管状或狭圆锥状，檐部具 2（～3）裂齿，花柱细长，伸出花冠外，先端 2 叉，叉端尖锐；两性花 3～7 朵，不孕育，花冠管状，花药线形，先端附属物尖，长三角形，基部圆钝，花柱短，上端棒状，2 裂，不叉开，退化子房极小。瘦果长圆形或长卵形。花果期 7～10 月。生于低海拔地区河岸、海岸附近的湿润沙地、路旁及低山坡地区。

（2）栽培要点　用种子繁殖，于春季 3 月播种，将种子与细沙混合后，按行株距 25cm×20cm 开穴播种。条播，按行株距 25cm 开条沟，将种子均匀播入。育苗移栽法：2 月育苗、撒播，上覆细土一层，以不见种子为度。苗高 6～8cm 时，要及时拔去杂草，苗高 10～12cm，移栽。分株繁殖：3～4 月挖掘老株，分株移栽。茵陈蒿直播宜采用条播或撒播。播种前用新高脂膜拌种与种衣剂混用，驱避地下病虫，隔离病毒感染，提高呼吸强度，提高种子发芽率。整地下种后，再用新高脂膜 600～800 倍液喷施土壤表面，可保墒防水分蒸发、防晒抗旱、防土层板结，窒息和隔离病虫源，提高出苗率。田间管理：苗出齐后及时间苗，中耕除草，排灌施肥，并在植物表面喷施新高脂膜，增强肥效，防止病菌侵染，提高抗自然灾害能力，提高光合作用效能，保护禾苗苗壮成长。并适时喷施壮茎灵使植物茎秆粗壮、植株茂盛。生长期间，每年中耕除草 2～3 次，并结合追施人粪尿 2～3 次。

7. 茼蒿

茼蒿分布在安徽、福建、广东、广西、广州、海南、河北、湖北、湖南、吉林、山东、江苏等省。

(1) 特征特性 茎叶光滑无毛或几乎光滑无毛。茎高达 70cm，不分枝或自中上部分枝。基生叶花期枯萎。中下部茎叶长椭圆形或长椭圆状倒卵形，长 8～10cm，无柄，二回羽状分裂。一回为深裂或几全裂，侧裂片 4～10 对。二回为浅裂、半裂或深裂，裂片卵形或线形。上部叶小。头状花序单生茎顶或少数生茎顶，但并不形成明显的伞房花序，花梗长 15～20cm。总苞径 1.5～3cm，总苞片 4 层，内层长 1cm，顶端膜质扩大成附片状。舌片长 1.5～2.5cm。舌状花瘦果有 3 条突起的狭翅肋，肋间有 1～2 条明显的间肋。管状花瘦果有 1～2 条椭圆形突起的肋和不明显的间肋。茼蒿属于半耐寒性蔬菜，对光照要求不严，一般以较弱光照为好。其属短日照蔬菜，在冷凉温和、土壤相对湿度保持在 70%～80% 的环境下，有利于生长。在长日照条件下，营养生长不能充分进行，很快进入生殖生长而开花结籽。

(2) 栽培要点 茼蒿种植主要采取撒播或条播，播种后覆土 1cm 左右，耙平镇压。春播一般在 3～4 月间，秋种在 8～9 月间，冬种在 11～12 月间。小叶品种适于密植，用种量大，每亩 2～2.50kg；大叶种侧枝多，开展度大，用种量小，每亩 1kg 左右。茼蒿生长适温 17～20℃，早春播种天气还比较冷凉，并伴有倒春寒现象，因此播种茼蒿后需要在畦面上覆盖地膜或旧棚膜，四周用土压实，防寒保温，待天气转暖，幼苗出土顶膜前揭开薄膜。保护地种植超过 25℃ 时要打开通风口放风。间苗除草，当小苗长到 10cm 左右时，小叶种按株、行距 3～5cm 见方间拔，大叶种按 20cm 左右见方间拔，同时铲除杂草。幼苗出土后开始浇水，浇水时间和次数要灵活掌握，以保持土壤湿润为标准。每次采收前 10～15d 追施 1 次速效性氮肥，每亩施硝酸钾 15kg、尿素 8kg 左右。

8. 龙蒿

龙蒿原产欧洲，其中法国栽培食用历史悠久，是法国的著名香料之一。近年来，龙蒿已被较普遍栽培。在我国分布于西北地区及蒙古、俄罗斯部分地区，生长于山地阳坡。

半灌木状草本植物。根粗大或略细，木质，垂直；根状茎粗，木质，直立或斜上长。龙蒿直径 0.5～2cm，常有短的地下茎。茎通常多数，成丛，高 40～150（～200）cm，褐色或绿色，有纵棱，下部木质，稍弯曲，分枝多，开展，斜向上；茎、枝初时微有短柔毛，后渐脱落。叶无柄，初时两面微有短柔毛，后两面无毛或近无毛，下部叶花期凋谢；中部叶线状披针形或线形，长（1.5～）3～7（～10）cm、宽 2～3mm，先端渐尖，基部渐狭，全缘；上部叶与苞片叶略短小，线形或线状披针形，长 0.5～3cm、宽 1～2mm。

头状花序多数，近球形、卵球形或近半球形，直径 2～2.5mm，具短梗或近无梗，斜展或略下垂，基部有线形小苞叶，在茎的分枝上排成复总状花序，并在茎上组成开展或略狭窄的圆锥花序；总苞片 3 层，外层总苞片略狭小，卵形，背面绿色，无毛，中、内层总苞片卵圆形或长卵形，边缘宽膜质或全为膜质花序托小，凸起；雌花 6～10 朵，花冠狭管状或稍呈狭圆锥状，檐部具 2（～3）裂齿，花柱伸出花冠外，先端 2 叉，叉端尖；两性花 8～14 朵，不孕，花冠管状，花药线形，先端附属物尖，长三角形，基部圆钝，花柱短，上端棒状，2 裂，不叉开，退化子房小。瘦果倒卵形或椭圆状倒卵形。花果期 7～10 月。

9. 芦蒿

多生于低海拔地区的河湖岸边与沼泽地带，在沼泽化草甸地区常形成小区域植物群落的优势种与主要伴生种；可葶立水中生长，也见于湿润的疏林中、山坡、路旁、荒地等。分布于我国黑龙江、吉林、辽宁、内蒙古（南部）、河北、山西、陕西（南部）、甘肃

（南部）、山东、江苏、安徽、江西、河南、湖北、湖南、广东（北部）、四川、云南及贵州等省区。

（1）特征特性 芦蒿是多年生草本植物，植株具清香气味。主根不明显或稍明显，具多数侧根与纤维状须根；根状茎稍粗，直立或斜向上，直径 4～10mm，有匍匐地下茎。茎少数或单，高 60～150cm，初时绿褐色，后为紫红色，无毛，有明显纵棱，下部通常半木质化，上部有着生头状花序的分枝，枝长 6～12cm，稀更长，斜向上。

叶纸质或薄纸质，上面绿色，无毛或近无毛，背面密被灰白色蛛丝状平贴的绵毛；茎下部叶宽卵形或卵形，长 8～12cm、宽 6～10cm，近成掌状或指状，5 或 3 全裂或深裂，稀间有 7 裂或不分裂的叶，分裂叶的裂片线形或线状披针形，长 5～8cm、宽 3～5mm，不分裂的叶片为长椭圆形、椭圆状披针形或线状披针形，长 6～12cm、宽 5～20mm，先端锐尖，边缘通常具细锯齿，偶有少数短裂齿白，叶基部渐狭成柄，叶柄长 0.5～2（～5）cm，无假托叶，花期下部叶通常凋谢；中部叶近成掌状，5 深裂或为指状 3 深裂，稀间有不分裂之叶，分裂叶之裂片长椭圆形、椭圆状披针形或线状披针形，长 3～5cm、宽 2.5～4mm，不分裂之叶为椭圆形、长椭圆形或椭圆状披针形，宽可达 1.5cm，先端通常锐尖，叶缘或裂片边缘有锯齿，基部楔形，渐狭成柄状；上部叶与苞片叶指状 3 深裂、2 裂或不分裂，裂片或不分裂的苞片叶为线状披针形，边缘具疏锯齿。

头状花序多数，长圆形或宽卵形，直径 2～2.5mm，近无梗，直立或稍倾斜，在分枝上排成密穗状花序，并在茎上组成狭而伸长的圆锥花序；总苞片 3～4 层，外层总苞片略短，卵形或近圆形，背面初时疏被灰白色蛛丝状短绵毛，后渐脱落，边狭膜质，中、内层总苞片略长，长卵形或卵状匙形，黄褐色，背面初时微被蛛丝状绵毛，后脱落无毛，边宽膜质或全为半膜质；花序托小，凸起；雌花 8～12 朵，花冠狭管状，檐部具一浅裂，花柱细长，伸出花冠外甚长，先端长，2叉，叉端尖；两性花 10～15 朵，花冠管状，花药线形，先端附属物尖，长三角形，基部圆钝或微尖，花柱与花冠近等长，先端微叉开，叉端截形，有睫毛。瘦果卵形，略扁，上端偶有不对称的花冠着生面。花果期 7～10 月。

（2）栽培要点 分株，5 月上、中旬，在留种田块将芦蒿植株连根挖起，截去顶端嫩梢，在筑好的畦面上，按行株距 45cm×40cm 每穴栽种 1～2 株，栽后踏紧浇透水，经 5～7d 即可活棵。压条，每年 7～8 月将半木质化的茎秆齐地面砍下，截去顶端嫩梢，在整好的畦面上，按行距 35～40cm 开沟（深 5～7cm），将芦蒿茎秆横栽于沟中，头尾相连，然后覆土，浇足水，经常保持土壤湿润，促进生根与发芽。

扦插，每年 6 月下旬～8 月，剪取生长健壮的芦蒿茎秆，截去顶端嫩梢，将茎秆截成 20cm 长小段，在筑好的畦面按行株距 35cm×30cm，每穴斜插 4～5 小段，地上露 1/3，踏紧，浇足水，经 10d 左右即可生根发芽。栽茎，四季均可进行。地下茎挖出后，去掉老茎、老根，剪成小段，每段有 2～3 节，在筑好的畦面上每隔 10cm 开浅沟，将每小段根茎平放在沟内，覆薄土，浇足水。

条播栽种，3 月上、中旬将芦蒿种子与 3～4 倍干细土拌匀直接播种，采用穴播、条播均可。条播行距 30cm 左右，播后覆土并浇水，一般 3 月下旬即可出苗，出苗后及时间苗、匀苗，缺苗的地方移苗补栽。整地施肥，选择前茬为非菊科作物、灌溉条件好、土壤肥沃的沙壤土为宜。栽种前进行耕翻晒（冻）垡，结合施足底肥，每亩施腐熟的猪、牛粪 3000～4000kg 或腐熟饼肥 150kg 左右，整地作畦，畦宽 1.5～2m，深沟高畦。生长期间，9～10 月份进行一次追肥，每亩用尿素 10kg，撒施并结合浇水，以促进芦蒿的营养生长，防止后期早衰。

芦蒿地下茎主要分布在 5～10cm 土层内，栽种活棵后，要及时拔除田间杂草，促使根系发育良好，累积更多养分。芦蒿耐湿性很强，不耐干旱，高温干旱季节要经常浇水，保持田间湿润，促进生长。

(3) 产量表现　芦蒿以鲜嫩茎秆供食用，清香、鲜美、脆嫩爽口，营养丰富。由于芦蒿植株高大，在东北，7月上旬刈割，每公顷产鲜草 2600～4300kg。干草生产率为 27.5%。每百克嫩茎含有蛋白质 3.6g、灰分 1.5g、钙 730mg、磷 10.2mg、铁 2.9mg、胡萝卜素 1.4mg、维生素 C 49mg、天冬氨酸 20.4mg、谷氨酸 34.3mg、赖氨酸 0.97mg。并含有丰富的微量元素和酸性洗涤纤维等。

二、蒿草的营养特性及其影响因素

1. 土壤水分对青蒿生理生化特征和产品质量的影响

(1) 对耗水量和植株生长的影响　研究土壤水分对青蒿生育时期、形态指标、干物质积累、营养元素吸收以及青蒿素含量与产量等的影响。试验以"渝青1号"青蒿为材料，采用塑料盆栽，盆底无孔，土面用薄膜封盖，每个盆中装入定量干土壤 15kg，加入水使盆内的土壤水分含量为土壤最大持水量的 5%～10%（1组）、25%～30%（2组）、45%～50%（3组）、65%～70%（4组）、85%～90%（5组）。植株生长缓慢的时段，每 3d 浇水一次；植株生长旺盛的时段，每天浇水，保持在上述五个水平。每个水平梯度种植 15 株，重复 3 次。研究结果：不同土壤水分含量下青蒿植株从苗期到现蕾期的单株总共耗水量，顺序为 64.86kg、63.63kg、49.42kg、19.81kg 和 19.68kg。4 组和 5 组水平下的青蒿植株株高、茎粗、分枝数、平均枝长等生长指标最好，3 组水平下的青蒿生长较好，1 组和 2 组的青蒿生长最差。

(2) 对植株营养成分和抗氧化品质的影响　干物质积累以 4 组水平下的最高，5 组水平次之，1 组最低。青蒿叶片叶绿素含量呈先升后降的趋势。各生长阶段以土壤最大持水量的 5 组和 4 组水平下的叶绿素含量最高，以 1 组和 2 组水平下的最低。可溶性总糖在不同土壤水分含量下呈不断上升趋势，到现蕾期有所下降；各生育时期以 5 组的含量最高，4 组次之，3 组最低。游离氨基酸在不同土壤水分含量下呈逐渐下降趋势，分枝期、生长盛期和现蕾期时5组和4组高于其他各组。不同土壤水分含量下可溶性蛋白含量从苗期到现蕾期呈现先上升、再下降的趋势。

在苗期、分枝期和生长盛期2组和1组水平下的青蒿超氧化物歧化酶活性较高，现蕾期时4组和3组水平下的超氧化物歧化酶活性较高；5组、4组和3组水平下的超氧化物歧化酶活性变化趋势为先降低、再升高、最后降低；2组和1组水平下的表现为从苗期到生长盛期为不断升高，到现蕾期急剧下降的趋势。各土壤水分含量下在苗期、分枝期和生长盛期时过氧化物酶活性不断上升，到现蕾期有所下降，总体情况是1组＞2组＞3组＞5组＞4组，规律性较好。各土壤水分含量下青蒿叶片CAT活性呈先降后升再降的趋势，5组和4组水平下的较高，1组和2组水平下的较低。

各土壤水分含量下青蒿植株各器官氮含量为叶＞枝＞根＞茎，整体情况是5组和4组水平的氮含量高于其他各组。随着植株的生长发育，磷素和钾素含量均先升高、再降低；在不同土壤水分含量下，5组和4组水平下各生育时期各部位磷素和钾素含量较高，2组和1组水平下钾素含量较低；枝、叶磷素和钾素含量相对较高，根、茎相对较低（王晓等，2012）。

2. 施肥对青蒿生长的影响

（1）氮、磷、钾肥和密度对青蒿生长的影响　在合理范围内使用氮、磷、钾肥，可显著增加青蒿生物量、叶产量、青蒿素含量和产量；高氮量有利于叶产量；高磷钾用量虽没有负效应，但进一步的正效应并不显著。密度的增加显著降低青蒿单株生物量、叶产量，但适度密度能显著提高群体生物量、叶产量，并有利于光合产物形成叶产量。杨水平等（2009）设计氮、磷、钾和密度4个试验因子，16个处理，4次重复。16个组合处理间，青蒿叶产量与青蒿素含量和产量相差很大，其中氮肥3、磷肥4、钾肥2、密度3为最优组合，可以获得最高叶产量，且青蒿品质最优。结论：合理施用氮磷钾肥和采用适度密度对青蒿优质高产栽培至关重要，在试验所在青蒿产区，适宜的施肥为氮 300kg/hm²、磷 150～300kg/hm²、钾 210kg/hm²，密度为 2.5 万株/hm²（杨水平等，2009）。

吴文芳（2012）研究发现，不同施氮、磷、钾量和施肥配比处理青蒿叶片的还原糖含量在生长过程中均表现出先上升后下降的趋势。生育前期，N3、N4 处理的还原糖较高；随着施磷量的增加叶片中的还原糖含量也在增加；K3、K4 的还原糖较高。青蒿叶片淀粉含量的变化呈单峰曲线，生长前期，低氮处理的淀粉含量较高，生育后期，高氮处理的淀粉含量较高，并且高氮处理的下降幅度较缓慢；在氮、钾用量一定的条件下，施磷量为 0.1～0.2kg/m² 之间淀粉含量较高；生育前期高钾处理的淀粉含量较高，低钾处理则是在生育后期较高。

不同施氮、磷、钾量和各施肥配比处理，均在苗期时青蒿叶片的蛋白氮含量较高，之后有下降的趋势。各处理青蒿叶片中的锌、锰、铁、硒、镁含量变化均在分枝盛期较高。不同施肥处理中，青蒿整株干物质的积累均呈不断上升的趋势，生长前期积累较慢后期积累较快。不同施氮、磷、钾用量处理中，表现出随着氮、磷、钾用量的增加干物质量也增加，到现蕾期，各器官的干物质分配率依次为：枝＞叶＞茎＞根。不同施磷量处理的分枝平均分配率最高，总体以氮肥量：磷肥量：钾肥量为 1：（0.2～2.5）：（0.1～1.25）的配比组合分配到分枝和叶的干物质较高，生长旺盛（吴文芳，2012）。

(2) 氮、磷、钙对青蒿生长及青蒿素积累的影响　研究不同氮、磷、钙水平以及同一氮水平下不同硝铵比例对青蒿生长及青蒿素积累的影响。主要结论：无论是秋冬季还是春夏季种植，水培青蒿的生物量显著高于土培和基质培的。就单株青蒿素含量而言，土壤栽培最有利于青蒿素的积累；对于单株青蒿素产量而言，以水培最高。另外，秋冬季种植较春夏季种植能获得高产的青蒿素。当营养液的磷浓度从 1.00mmol/L 增加至 2.00mmol/L 时，对青蒿的生物量没有显著影响，对每株青蒿的青蒿素含量及青蒿素产量也没有显著影响。当营养液的磷水平在 1.00mmol/L 时已能完全满足青蒿生长所需的磷。

当营养液中的氮水平从 5.5mmol/L 增加至 16.5mmol/L 对青蒿的生物量没有显著影响。随着营养液氮水平的提高，青蒿体内的青蒿素含量呈先减后增的趋势。栽培时，以氮水平为 5.5mmol/L 最有利于获得高产青蒿素。随着营养液中硝铵比的下降，青蒿体内的青蒿素含量呈上升趋势，以硝铵比为 5：1 时最有利于青蒿素的积累，但此时的硝铵比处理会导致植株生物量的显著下降，不利于获得青蒿素的高产。就青蒿素产量而言，水培时以硝铵比为 15：1 最适宜，基质培时以 5：1 较好。营养液的钙水平从 2.25mmol/L 增加至 3.75mmol/L 时，对青蒿的生物量没有显著影响；植株的青蒿素含量随着钙水平的增加呈先减后增的趋势。栽培时，以钙水平为 2.25mmol/L 最好，不但能获得青蒿素的高产，还可以节省生产成本（周伟冰等，2007）。

（3）营养液栽培和复合肥土壤栽培对比试验 本试验通过采用营养液栽培与采用氮、磷和钾含量均为 15% 的复合肥施肥的土壤常规栽培方式，比较不同养分供应下对青蒿生长及青蒿素含量和产量的影响。主要结果：采用菊花营养液配方作为养分供应的水培和基质培，与采用氮、磷和钾复合肥的常规施肥方式的土培相比，三种栽培方式对青蒿的生长没有显著影响，但是水培能够显著促进青蒿素含量的提高，并获得较高的青蒿素产量，水培的青蒿素含量和产量分别为 0.94% 和 0.72g/株。在青蒿水培的条件下，把营养液中的钾浓度从 3.75mmol/L 增加到 7.50mmol/L 时对青蒿生长没有显著影响，而在 6.25mmol/L 的钾浓度时能显著提高青蒿素含量和产量（分别为 1.45% 和 1.10g/株），但在 7.50mmol/L 的钾浓度时，青蒿素含量反而降低。

在水培的条件下，把营养液中镁浓度从 0.75mmol/L 增加到 1.50mmol/L 时，对青蒿生长、青蒿素含量和产量没有显著影响。0.75mmol/L 镁浓度下获得的青蒿素含量和产量分别为 1.07% 和 0.88g/株，认为 0.75mmol/L 镁浓度已能满足水培青蒿对镁的需求。在青蒿水培的条件下，把营养液中硼浓度从 0.01mmol/L 增加到 0.04mmol/L，在 0.01mmol/L 的硼浓度时能够显著提高青蒿的生物量，而在 0.04mmol/L 硼浓度时，显著促进青蒿素含量的提高，青蒿素含量和产量分别为 1.71% 和 0.75g/株。在水培青蒿生长的后期，减少养分供应对青蒿的生物量、青蒿素含量和产量没有影响，在 0 剂量养分供应下，青蒿素含量和产量分别为 1.20% 和 1.19g/株（周爱芳等，2008）。

3. 播期对青蒿生长和青蒿素含量的影响

试验以丰都通和 1 号青蒿种子为材料，进行不同的播期处理，研究青蒿生育时期、形态指标、干物质积累以及产量等。结果表明，早播比晚播总生育日数显著增加，早播下营养生长期所占比重较大；随着播期的推迟，营养生长时间跨度呈逐渐缩短的趋势，且其总生育期较短。各播期生育时期的差别，对青蒿形态指标、生理指标、干物质积累以及产量形成产生了深刻影响。

可溶性糖含量在各播期都呈现先上升后下降的趋势，早播的含量相对较高；而游离氨基酸则呈逐步下降的趋势；可溶性糖与氨基酸的比值即 C/N，从苗期到生长旺盛期逐步升高，到现蕾期则略有所下降，其大体变化趋势为：TR1>TR2>TR4>TR3>TR6>TR5>TR7。叶绿素含量在各播期基本呈先升后降的趋势，不同生育时期表现又不一致。各播期处理对类胡萝卜素含量的影响不大。播期是影响干物质积累最主要的因素之一。早播使青蒿营养体大于晚播，并影响叶片干物质所占比重。各播期对照植株干物质积累均呈现"S"形增长曲线，但各播期最大增长速率出现日期不同、最大增长速率差别也很大。

不同播期青蒿各器官营养元素含量均呈现先升后降的趋势，各时期以氮含量最高，而磷、钾含量在同一播期不同生育时期表现不一致；氮、磷、钾积累总量随着生育时期的推移逐渐增多，青蒿收获时，各器官中氮、磷、钾素积累量顺序均为叶>枝>茎>根，而营养元素在各器官的积累大致表现为氮>磷>钾。相同生育阶段，各播期青蒿素含量不同；同一播期，不同生育阶段青蒿素含量不同，晚播的青蒿素含量相对较高。青蒿素含量与可溶性糖、游离氨基酸、C/N 值以及类胡萝卜素含量呈不显著正相关关系（杨敏，2008）。

三、蒿草的利用技术

案例 1

日粮中添加沙蒿籽粉对肉仔鸡肠绒毛形态及肠道菌群的影响

（1）材料与方法 选择 1 日龄健康 AA 肉仔鸡 144 只，随机分成 3 个日粮处理组，即基础日粮组（对照组）、基础日粮＋0.1％沙蒿籽粉组、基础日粮＋0.5％沙蒿籽粉组，每个处理 4 个重复，每个重复 12 只鸡，试验期为 42d。试验鸡采用多层笼养，鸡笼采用红外线加热装置自动控温，消毒和免疫程序按肉鸡常规程序进行。基础日粮配方及营养水平见表 3-21。

表 3-21　基础日粮配方及营养水平

项目	含量（风干基础）/％		项目	含量（风干基础）/％	
	1～21d	22～42d		1～21d	22～42d
玉米	52.68	59.02	营养水平代谢能/（MJ/kg）	12.14	12.4
豆粕	40	33.8	粗蛋白	21.5	19.5
豆油	3	3	钙	1.02	1.03
磷酸氢钙	1.9	1.7	有效磷	0.43	0.4
石粉	1.1	1.3	蛋氨酸	0.51	0.37
食盐	0.37	3	赖氨酸	1.3	1.14
赖氨酸	0.05	0.03			
蛋氨酸	0.19	0.07			
微量元素预混料	0.5	0.5			
维生素预混料	0.1	0.1			
胆碱	0.11	0.11			
合计	100	100			

（2）结果与分析

① 沙蒿籽粉对肉仔鸡肠绒毛形态的影响。试验各组肉仔鸡肠绒毛高度、宽度和隐窝深度测定结果分别见表 3-22～表 3-24。从表 3-22 结果可见，21 日龄时，0.1％添加组的十二指肠、空肠和回肠绒毛高度均高于对照组和 0.5％添加组，差异极显著（$P<0.01$）；42 日龄，0.1％添加组的十二指肠绒毛高度仍然高于对照组，差异显著（$P<0.05$），而 0.5％添加组介于两组之间，差异不显著。空肠和回肠仍是 0.1％组高于对照组和 0.5％组，差异极显著（$P<0.01$）。

表 3-22　沙蒿籽粉对小肠绒毛高度的影响

日龄	小肠部位	饲料中沙蒿籽粉添加水平		
		0	0.1％	0.5％
21d	十二指肠/μm	$1633.58+197.30^B$	$1852.17+354.31^A$	$1646.92+220.67^B$
	空肠/μm	$933.42+248.01^B$	$1567.02+407.52^A$	$952.66+165.09^B$
	回肠/μm	$836.52+141.80^B$	$976.39+266.61^A$	$879.66+112.54^B$
42d	十二指肠/μm	$1578.31+237.59^b$	$1705.33+331.67^a$	$1625.69+242.45^{ab}$
	空肠/μm	$1084.20+249.87^B$	$1387.52+465.24^A$	$1122.07+235.51^B$
	回肠/μm	$840.57+113.06^C$	$995.34+275.67^A$	$921.92+155.53^B$

注：同行数字肩标小写字母不同者表示差异显著（$P<0.05$），大写字母不同者表示差异极显著（$P<0.01$）。

表 3-23　沙蒿籽粉对小肠绒毛宽度的影响

日龄	小肠部位	饲料中沙蒿籽粉添加水平		
		0	0.1％	0.5％
21d	十二指肠/μm	$137.39+26.12^b$	$151.25+29.88^a$	$144.29+24.97^{ab}$
	空肠/μm	$163.72+35.99$	$165.24+53.33$	$165.87+30.92$
	回肠/μm	$156.17+38.13^b$	$169.57+42.61^{ab}$	$179.21+58.00^a$
42d	十二指肠/μm	$173.20+26.93^b$	$176.32+29.67^{ab}$	$188.62+41.27^a$
	空肠/μm	$184.20+40.79$	$197.04+45.58$	$195.44+47.30$
	回肠/μm	$172.67+40.91^B$	$185.11+44.77^B$	$203.65+53.01^A$

注：同行数字肩标小写字母不同者表示差异显著（$P<0.05$），大写字母不同者表示差异极显著（$P<0.01$）。

表 3-23 结果显示，21 日龄时，0.1％添加组十二指肠绒毛宽度显著大于对照组（$P<0.05$），而 0.5％添加组介于两组之间，组

间差异不显著（$P>0.05$）。回肠绒毛宽度随沙蒿籽粉添加量的增加而增大，其中 0.5％添加组显著大于对照组（$P<0.05$）；42 日龄，十二指肠绒毛宽度随添加量的增加而增大，其中 0.5％添加组显著大于对照组（$P<0.05$），而 0.1％添加组与其他两组间无显著差异（$P>0.05$），0.5％添加组回肠绒毛宽度高于另外两组，差异极显著（$P<0.01$）。此外，21 和 42 日龄时空肠绒毛宽随添加量增加无明显变化（$P>0.05$）。

如表 3-24 结果所示，21 日龄时，对照组十二指肠和空肠的隐窝深度极显著高于两个添加组（$P<0.01$），而回肠隐窝深度亦高于沙蒿籽粉添加组，其中与 0.1％添加组之间差异显著（$P<0.05$）；42 日龄，0.5％添加组十二指肠和回肠隐窝深度均极显著高于另外两组（$P<0.01$），0.1％添加组空肠隐窝深度显著高于对照组（$P<0.05$）。

表 3-24　沙蒿籽粉对小肠隐窝深度的影响

日龄	小肠部位	饲料中沙蒿籽粉添加水平		
		0	0.1％	0.5％
21d	十二指肠/μm	$230.76+50.93^A$	$200.49+36.64^B$	$200.02+37.49^b$
	空肠/μm	$216.03+51.87^A$	$195.22+31.33^B$	$193.82+39.55^B$
	回肠/μm	$185.73+38.13^a$	$166.90+32.81^b$	$173.45+37.28^{ab}$
42d	十二指肠/μm	$217.55+34.90^B$	$222.48+39.00^B$	$240.54+45.27^A$
	空肠/μm	$192.68+31.65^b$	$209.86+38.47^a$	$197.33+42.10^{ab}$
	回肠/μm	$165.77+30.13^B$	$168.33+32.59^B$	$185.73+36.28^A$

注：同行数字肩标小写字母不同者表示差异显著（$P<0.05$），大写字母不同者表示差异极显著（$P<0.01$）。

② 沙蒿籽粉对肉仔鸡肠道菌群的影响。由表 3-25 可见，与对照组相比，无论前期或后期，沙蒿添加组回肠和盲肠内容物中乳酸杆菌数量均有所升高，其中前期 0.1％添加组回肠内容物中乳酸杆菌数量显著高于对照组（$P<0.05$），而后期 0.5％沙蒿添加组回肠内容物中乳酸杆菌极显著高于对照组（$P<0.01$）；而内容物中大肠杆菌数则未呈现明显的变化规律。

表 3-25　　沙蒿籽粉对肉仔鸡盲肠和回肠内容物中

乳酸杆菌和大肠杆菌的影响　　单位：logcfu/g

日龄	小肠部位	饲料中沙蒿籽粉添加水平		
		菌种	0	0.1%	0.5%
21d	回肠	乳酸杆菌	$3.35+0.76^b$	$4.14+0.61^a$	$3.64+0.84^{ab}$
		大肠杆菌	$2.45+0.60$	$1.89+0.50$	$2.07+0.57$
	盲肠	乳酸杆菌	$5.75+0.53$	$6.04+0.47$	$6.09+0.47$
		大肠杆菌	$4.76+0.29$	$5.16+0.77$	$4.93+0.44$
42d	回肠	乳酸杆菌	$2.09+0.67^B$	$2.18+0.9^B$	$3.01+0.69^A$
		大肠杆菌	1.15 ± 0.21	1.00 ± 0	2.23 ± 0.4
	盲肠	乳酸杆菌	6.14 ± 0.3	6.20 ± 0.23	6.26 ± 0.24
		大肠杆菌	4.16 ± 0.86	4.01 ± 0.35	3.88 ± 0.63

注：同行数字肩标小写字母不同者表示差异显著（$P<0.05$），大写字母不同者表示差异极显著（$P<0.01$）。

（3）结论　小肠的绒毛长度、隐窝深度、黏膜厚度、绒毛表面积都是衡量小肠消化吸收功能的重要指标。绒毛高度增加可使小肠吸收面积扩大，有利于营养物质的吸收。隐窝深度反映了细胞的生成率，隐窝变浅表明细胞成熟率上升、分泌功能增强。小肠绒毛变长、增粗、排列紧密，能更进一步增大小肠黏膜面积，与食糜接触增多，从而促进小肠消化和吸收养分，使吸收能力增强。本试验在肉仔鸡日粮中添加沙蒿籽粉明显增加肉仔鸡肠绒毛长度，这可能与沙蒿中多糖改善了肠内环境，从而利于微绒毛的生长发育有关。有研究发现，在雏鸡饲料中添加黄芪多糖可显著增加肠道有益微生物的数量，有利于动物肠道健康。本研究发现，在肉仔鸡日粮中添加沙蒿籽粉能在一定程度上提高回肠和盲肠乳酸杆菌的数量，说明沙蒿籽粉对肉仔鸡肠道菌群具有一定的调控作用，这也可能与其中的沙蒿多糖有关，确切的作用机理尚待进一步研究。

本试验研究表明，日粮中添加一定量沙蒿籽粉可增加肉仔鸡肠绒毛长度、降低隐窝深度、扩大小肠黏膜吸收面积，同时可在一定程度上促进肠道内容物中乳酸杆菌增殖。

案例 2

艾蒿粉对肉仔鸡生长性能、屠宰性能和肉品质的影响

(1) 材料与方法 试验所用艾蒿采自于内蒙古自治区和林格尔县境内，全株收割，经阴干、粉碎、过筛后制得艾蒿粉。选择健康无病的 1 日龄 AA 肉仔鸡 240 只，随机分为 5 个处理组，每个处理组 6 个重复，每个重复 8 只鸡。5 种日粮分别由基础日粮中添加 0、0.25%、0.50%、1.00% 和 2.00% 艾蒿粉配制而成，基础日粮配方及营养水平见表 3-26。整个试验期为 42d，分前期和后期两个饲养阶段，每期 21d。

表 3-26　基础日粮组成及营养水平

项目	1~21d	22~42d	项目	1~21d	22~42d
原料组成			营养水平		
玉米/%	51.68	58.49	代谢能/(MJ/kg)	12.62	12.87
豆粕/%	41	34.3	粗蛋白质/%	21.84	19.95
大豆油/%	3	3	钙/%	1	1
磷酸氢钙/%	1.9	1.8	有效磷/%	0.48	0.46
石粉/%	1.1	1.2	赖氨酸/%	1.4	1.2
食盐/%	0.37	0.37	蛋氨酸/%	0.56	0.44
98%赖氨酸/%	0.05	0.03	胱氨酸/%	0.4	0.37
蛋氨酸/%	0.19	0.1			
预混料/%	0.71	0.71			
合计/%	100	100			

注：表中粗蛋白质水平为实测值，其他为计算值。

(2) 结果与分析

① 艾蒿粉对肉仔鸡生长性能的影响。由表 3-27 可知，前期艾蒿粉添加组肉仔鸡的平均日增重均略低于对照组，但差异不显著（$P >0.05$）。在后期和全期，添加量为 0.25%、0.50% 和 1.00% 艾蒿粉组的平均日增重高于对照组（$P < 0.05$）；而添加量为 2.00% 艾蒿粉

组的平均日增重低于对照组和其他各试验组（$P<0.05$）。随着艾蒿粉添加量的增加，平均日增重呈现先升高后降低的变化趋势，其中以0.25%艾蒿粉组最高。添加艾蒿粉的试验组与对照组相比，肉仔鸡各阶段的平均日采食量和料重比差异不显著（$P>0.05$）。

表3-27　艾蒿粉对肉仔鸡生长性能的影响

项目	生长阶段	艾蒿粉添加量/%				
		0	0.25	0.5	1	2
平均日增重/g	1～21d	32.42	32.22	32.25	32.08	30.59
	22～42d	87.89[a]	90.6[a]	89.16[a]	88.16[a]	80.67[b]
	1～42d	60.05[a]	61.45[a]	61.04[a]	60.61[a]	55.86[b]
平均日采食量/g	1～21d	45.97	45.42	45.84	44.68	43.88
	22～42d	166.52	168.75	165.41	165.13	161.08
	1～42d	104.43	105.09	103.38	103.78	100.06
料重比	1～21d	1.42	1.42	1.42	1.40	1.43
	22～42d	1.89	1.86	1.83	1.87	1.96
	1～42d	1.73	1.71	1.69	1.71	1.77

注：同一行中右肩注不同者表示差异显著（$P<0.05$），其中有一项相同者或未标注者表示差异不显著（$P>0.05$）。

②艾蒿粉对肉仔鸡屠宰性能的影响。由表3-28可知，各组肉仔鸡42d时的屠宰率均达到91%以上，胸肌率均达到29%以上，腿肌率除2.00%艾蒿粉组均达到18%以上，试验组半净膛率和全净膛率均低于对照组，腹脂率以不添加艾蒿粉组最低；但各项指标均变化不显著（$P>0.05$）。

表3-28　艾蒿粉对肉仔鸡屠宰性能的影响

项目	艾蒿粉添加量/%				
	0	0.25	0.5	1	2
屠宰率/%	91.42	91.71	91.35	91.70	91.03
半净膛率/%	84.61	83.84	83.84	82.22	83.58
全净膛率/%	68.08	67.28	67.58	66.67	67.59
胸肌率/%	29.8	29.96	29.69	29.51	30.04
腿肌率/%	18.82	18.30	18.06	18.78	17.92
腹脂率/%	1.2	1.37	1.43	1.44	1.54

③ 艾蒿粉对肉仔鸡肉品质的影响。由表 3-29 可知，肉色亮度 L* 值均低于对照组 1.00% 和 2.00% 艾蒿粉组分别降低了 8.3% 和 11.9%（$P < 0.05$）；肉色红度 a* 值均高于对照组，1.00% 和 2.00% 艾蒿粉组分别提高了 20.8% 和 27.7%（$P < 0.05$）。而其他肉品质指标差异不显著（$P > 0.05$）。

表 3-29　艾蒿粉对肉仔鸡肉品质的影响

项目		艾蒿粉添加量/%				
		0	0.25	0.5	1	2
pH 值	pH_{45min}	6.22	6.36	6.31	6.31	6.24
	pH_{24h}	5.76	5.75	5.8	5.77	5.75
	△pH	0.42	0.59	0.57	0.49	0.46
肉色亮度 L*		32.34[a]	30.68[ab]	30.00[ab]	29.65[b]	28.49[b]
肉色红度 a*		16.42[b]	18.90[ab]	17.78[ab]	19.83[a]	20.97[a]
肉色黄度 b*		7.27	7.36	7.61	7.63	7.83
剪切力/N		15.36	16.59	16.94	17.95	17.34
熟肉率/%		72.79	71.87	72.84	72.44	71.64
滴水损失/%		1.29	1.25	1.28	1.29	1.13
失水率/%		11.00	11.18	10.55	11.21	10.86

注：同一行中右肩注不同者表示差异显著（$P < 0.05$），其中有一项相同者或未标注者表示差异不显著（$P > 0.05$）。

(3) 结论　日粮中添加 0.25%、0.50% 和 1.00% 的艾蒿粉可以提高肉仔鸡的平均日增重，其中以添加 0.25% 的艾蒿粉时增重效果最好；但日粮中添加 2.00% 的艾蒿粉对其生长性能有一定的抑制作用。日粮中添加艾蒿粉能够降低肉仔鸡胸肌肉色亮度 L* 值、增加肉色红度 a* 值，对肉品质有一定的改善作用，其中以 2.00% 的艾蒿粉组改善作用最好。

第四章

其他科草料

第一节　酸模

一、优质酸模品种

1. 杂交酸模

杂交酸模，又称鲁梅克斯 k-1 杂交酸模，是以巴山酸模为母本、天山酸模为父本远缘杂交选育而成。

（1）特征特性　鲁梅克斯为多年生草本，生长期可达 25 年。茎直立不分枝，根茎部着生侧芽，主根发达，叶簇生，披针状长椭圆形，长 30～45cm、宽 12～20cm，叶柄长 20～30cm，光滑全缘、叶色青绿。初夏茎梢着生淡绿色小花，圆锥花序，雄蕊 6 枚，雌花柱红紫色。果实外包 3 片翅状宿存萼片，小坚果三棱形，黄褐色，落粒性强，种子千粒重为 4g。

鲁梅克斯主根粗壮肥大，在中国北方具有越冬能力，茎直立、粗壮、有棱槽，株高 1.2～1.5m，叶为卵状披针形，长 20～30cm、宽 5～10cm。拔节前茎缩在地表处，叶片重叠成莲座状。果实成熟后，植株的地上部干枯死亡。经一段时间休眠后，在根顶处长出新叶，进行第二次营养生长。在冬季到来前，地上叶片枯死，在地下形成多个越冬芽，为下一年返青做准备。

（2）栽培要点 播种前先将种子用清水浸泡 10h，清除杂质和瘪粒，然后捞出晾干播种。苗床施足基肥，耙平，浇足底水，待水分下渗后，在床面上用刀切 10cm×10cm 小方块，每一方块中播种子 2～3 粒，覆土 1cm 厚，再在苗床上盖塑料薄膜，约 10d 左右即可出苗。幼苗期宜稍遮阴，防止烈日灼伤。苗期保持土壤湿润即可。定植苗龄 40d 左右，叶片 5～7 片时就可以进行定植。移栽时用铲子切成小方块，带土坨栽植。因幼苗纤嫩，容易失水，要随起随栽。栽植行距为 40～50cm、株距 30cm 左右，每亩栽 4500～5000 株，栽后充分浇水。

（3）产量表现 由于鲁梅克斯生长力强，北方春夏秋三季、南方一年四季可随割随长，盐碱荒地亩产鲜草 1 万千克左右，中等肥力田地达 2 万千克以上。鲁梅克斯在莲座期干物质中粗蛋白质含量为 31.43%、现蕾期为 23.69%，果实形成期干茎叶平均含蛋白质 12.13%。莲座期叶片的单宁含量为 0.65%、现蕾期茎中含量为 0.51%、茎生叶片含量为 1.25%、花蕾含量为 3.51%。现蕾期地上植株的混合样品单宁含量为 2.60%。

2. 黑龙江酸模

黑龙江酸模产于东北、河北、河南、山东、江苏和安徽。

一年生草本植物。茎直立，高 10～30cm，自基部分枝。茎下部叶倒披针形或狭长圆形，长 2～7cm、宽 3～12mm，顶端钝或急尖，基部狭楔形，两面无毛，边缘微波状，茎上部叶线状披针形；叶柄长 1～2.5cm；托叶鞘膜质，易破裂而脱落。花序总状，具叶，由数个再组成圆锥状，花两性，多花轮生于叶腋，上部较密；花梗基部具关节；花被 6 片，排成 2 轮；外花被片椭圆形，较小，内花被片果时增大，三角状卵形，全部具小瘤，其中 1 片边缘每侧具 2 个针刺，刺顶端直伸或微弯，长 3～4mm，另 2 片边缘每侧具 2 个小齿。瘦果椭圆形，具 3 锐棱，两端尖，淡褐色，有光泽，长约 1.5mm。花期 5～6 月，果期 6～7 月。

3. 水生酸模

产于黑龙江、吉林、山西、陕西、宁夏、甘肃、青海、新疆、湖北西部及四川（毛儿盖）。生于山谷水边，沟边湿地，海拔 200～3600m。

多年生草本植物，茎直立，具槽，上部具伏毛，分枝，高60～150cm，叶柄有沟，长达 30cm；下部叶较大，卵形或长圆状卵形，长达 30cm、宽达 15cm，基部心形，先端渐尖，上部叶具短柄，较狭小，长圆形或广披针形，基部心形。顶生狭圆锥花序分枝多，每个分枝成总状，多花轮生，枝紧密，基部具少数叶；外花被片长圆形，钝头，内花被片长圆状卵形或广卵形或卵形，果期长 5～6mm，宽与长相等，基部截形，全缘或下部有锯齿，无小瘤。花期和果期 6～7 月。

4. 网果酸模

网果酸模产于河北、山西、山东、河南、湖北、陕西、甘肃、新疆、江苏、浙江及安徽。生沟边湿地、水边，海拔 60～1500m。

多年生草本植物。根粗壮，直径可达 2.5cm，黑褐色。茎直立，高 30～60cm，具深沟槽，有分枝。基生叶长圆形，长 5～20cm、宽 3～8cm，顶端圆钝或急尖，基部圆形或近心形，边缘稍呈波状，两面无毛，下面中脉突起；叶柄长 2～4cm；茎生叶较小，叶柄较短；托叶鞘膜质，易破裂。花序圆锥状，大型，分枝稀疏，花簇具多花，轮状排列；花两性；花梗中下部具关节；花被片 6 片，排成 2 轮；外花被片椭圆形，内花被片果时增大，三角状心形。长 5～6mm，顶端急尖，基部近心形，具极明显的网纹，边缘具锐齿，齿长 1～1.5mm，全部具小瘤，小瘤长圆形，长约 2mm。瘦果椭圆形，具 3 锐棱，顶端急尖，基部狭窄，长 2.5～3mm，褐色，有光泽。花期 4～5 月，果期 5～6 月。

5. 皱叶酸模

皱叶酸模产于中国东北、华北、西北、山东、河南、湖北、四川、贵州及云南。

多年生草本植物，高 50～100cm。直根，粗壮。茎直立，有浅沟槽，通常不分枝，无毛。根生叶有长柄；叶片披针形或长圆状披针形，长 15～25cm、宽 1.5～4cm，两面无毛，顶端和基部都渐狭，边缘有波状皱褶；茎上部叶小，有短柄；托叶鞘，铜状，膜质。花序由数个腋生的总状花序组成，圆锥状，顶生狭长，长达60cm；花两性，多数；花被片 6，排成 2 轮，内轮花被片在果时增大、宽，顶端钝或急尖，基部心形，全缘或有不明显的齿，有网纹，长达 5mm，通常都有卵形瘤状突起，大小不一；雄蕊 6；柱头 3，画笔状。瘦果椭圆形，有 3 棱，顶端尖，棱角锐利，长2mm，褐色，有光泽。花期 6～7 月，果期 7～8 月。

6. 齿果酸模

齿果酸模为蓼科酸模属下的一个种。产于华北、西北、华东、华中、四川、贵州及云南。生沟边湿地、山坡路旁，海拔30～2500m。

一年或多年生草本植物，高达 1m。茎直立，分枝；枝纤细，表面具沟纹，无毛。基生叶长圆形，长 5～10cm，先端钝或急尖，基部圆形或心形，边缘波状或微皱波状，两面均无毛；叶柄长 1～5（8）cm；茎生叶渐小，具短柄，基部多为圆形；托叶鞘膜质，筒状。花序圆锥状，顶生，具叶；花两性，簇生于叶腋；花梗长3～5mm，呈轮状排列，无毛，果时稍伸长且下弯，基部具关节；雄蕊 6，排列成 3 对，花丝细弱，花药基部着生；子房具棱，1室，花柱 3，柱头细裂，毛刷状；花被片黄绿色，排成 6 片，成 2 轮，外花被片长圆形，长 1～1.5mm；内花被片果期增大，卵形，先端急尖，长约 4mm，具明显的网脉，各具一卵状长圆形小疣，边缘具 3～4 对；小瘤长约 1.5～2mm，先端急尖。瘦果卵状三棱形，具尖锐角棱，长约 2mm，褐色，平滑。花期 4～5 月，果期 6 月。

7. 长叶酸模

长叶酸模为蓼科酸模属下的一个种。产于中国东北、华北、西北、山东、河南、湖北和四川。生山谷水边、山坡林缘，海拔50～3000m。

多年生草本植物。茎直立，高60～120cm，粗壮，分枝，具浅沟槽。基生叶长圆状披针形或宽披针形，长20～35cm、宽5～10cm，顶端急尖，基部宽楔形或圆形，边缘微波状，下面沿叶脉具乳头状小突起；叶柄具沟槽，比叶片短；茎生叶披针形，顶端尖，基部楔形，叶柄短；托叶鞘膜质，破裂，脱落，花序圆锥叶，花两性，多花轮生，花梗纤细，中下部具关节，关节果时膨大，明显；花被片6，外花被片披针形；内花被片果时增大，圆肾形或圆心形；长5～6mm、宽6～7mm，顶端圆钝，基部心形，边缘全缘，具细网脉，全部无小瘤。瘦果狭卵形，长2～3mm，具2锐棱，褐色有光泽。花期6～7月，果期7～8月。

8. 小果酸模

小果酸模，蓼科酸模属植物。产于辽宁、河北、江苏、台湾、海南、广西、贵州及云南等地。生河边、田边路旁、山谷湿地，海拔50～2200m。

一年生草本植物。茎直立，高40～80cm，上部分枝，无毛，具浅沟槽。茎下部叶长椭圆形，长10～15cm、宽2～5cm，顶端急尖或稍钝，基部楔形，边缘全缘，茎上部叶狭椭圆形，较小；叶柄长2～4cm；托叶鞘膜质，早落。花序圆锥状，通常具叶；多花轮生，上部较紧密，下部稀疏，间断；花梗细长，近基部具关节；花被6片，2轮，黄绿色，外花被片披针状，长约1mm，内花被片果时增大，狭三角状卵形，长3～4mm、宽1.5～2mm，顶端狭窄，急尖，边缘全缘，基部截形，边缘全缘，全部具小瘤；小瘤长圆形，长1.5～2mm。瘦果卵形，长1～2mm，具3锐棱，褐色，有光泽。花期4～6月，果期5～7月。

9. 钝叶酸模

钝叶酸模，蓼科酸模属植物。分布于河南、江苏、浙江、江西、湖南、广东、四川。生田边路旁、沟边湿地。

多年生草本植物。根粗壮，直径可达 1.5cm。茎直立，高60～120cm，有分枝，具深沟槽，无毛。基生叶长圆状卵形或长卵形，长 15～30cm、宽 6～15cm，顶端钝圆或稍尖，基部心形，边缘微波状，上面无毛，下面疏生小突起；叶柄长 6～12cm，被小突起；茎生叶长卵形，较小，叶柄较短，托叶鞘膜质，易破裂。花序圆锥状具叶，分枝斜上；花两性，密集成轮；花梗细弱，丝状，中下部具关节，关节明显；外花被片狭长圆形，长约 1.5mm，内花被片果时增大，狭三角状卵形，顶端稍钝，基部截形，长 4～6mm、宽 2～3mm(不包括刺状齿)，边缘每侧具 2～3 个刺状齿，齿长0.8～1.5mm，通常 1 片具小瘤。瘦果卵形，具 3 锐棱，长约 2.5mm，暗褐色，有光泽。花期5～6月，果期6～7月。

10. 巴天酸模

巴天酸模，蓼科酸模属植物。分布于东北、华北、西北、山东、河南、湖南、湖北、四川及西藏。

多年生草本植物。根肥厚，直径可达 3cm；茎直立，粗壮，高 90～150cm，上部分枝，具深沟槽。基生叶长圆形或长圆状披针形，长 15～30cm、宽 5～10cm，顶端急尖，基部圆形或近心形，边缘波状；叶柄粗壮，长 5～15cm；茎上部叶披针形，较小，具短叶柄或近无柄；托叶鞘筒状，膜质，长 2～4cm，易破裂。花序圆锥状，大型；花两性；花梗细弱，中下部具关节；关节果时稍膨大，外花被片长圆形，长约 1.5mm，内花被片果时增大，宽心形，长 6～7mm，顶端圆钝，基部深心形，边缘近全缘，具网脉，全部或部分具小瘤；小瘤长卵形，通常不能全部发育。瘦果卵形，具 3 锐棱，顶端渐尖，褐色，有光泽，长 2.5～3mm。花期5～6月，果期6～7月。

11. 狭叶酸模

狭叶酸模产于黑龙江（桦川）、吉林（珲春）、内蒙古、新疆。

生水边、田边湿地，海拔 200～1100m。

多年生草本植物，根粗壮，直径可达 1cm。茎直立，高 40～80cm，通常上部分枝，具浅沟槽。基生叶披针形或狭披针形，长 10～18cm、宽 1.5～4cm，顶端急尖，基部楔形，边缘皱波状；叶柄比叶片短；茎生叶较小，披针形或线状披针形，叶柄短或近无柄；托叶鞘膜质，易碎裂。花序圆锥状，狭窄；花两性，多花轮生，密集；花梗细弱，下部具关节，外花被片长圆形，较小内花被片果时增大，三角形，长 3～4mm、宽约 4mm，顶端急尖，基部截形，边缘具小齿，齿长 0.5～1mm，全部具长卵形小瘤。瘦果椭圆形，长约 3mm，顶端急尖，基部狭窄，具 3 锐棱，褐色，有光泽。花期 5～6 月，果期 6～8 月。

12. 长刺酸模

长刺酸模产于陕西、江苏、浙江、安徽、江西、湖南、湖北、四川、台湾、福建、广东、海南、广西、贵州、云南。生田边湿地、水边、山坡草地，海拔 30～1300m。

一年生草本植物。根粗壮，红褐色。茎直立，高 30～80cm，褐色或红褐色，具沟槽，分枝开展。茎下部叶长圆形或披针状长圆形，长 8～20cm、宽 2～5cm，顶端急尖，基部楔形，边缘波状，茎上部的叶较小，狭披针形；叶柄长 1～5cm；托叶鞘膜质，早落。花序总状，顶生和腋生，具叶，再组成大型圆锥状花序。花两性，多花轮生，上部较紧密，下部稀疏，间断；花梗细长，近基部具关节；花被 6 片，排成 2 轮，黄绿色，外花被片披针形，较小内花被片果时增大，狭三角状卵形，长 3～4mm、宽 1.5～2mm(不包括针刺)，顶端狭窄，急尖，基部截形，全部具小瘤，边缘每侧具 1 个针刺，针刺长 3～4mm，直伸或微弯。瘦果椭圆形，具 3 锐棱，两端尖，长 1.5～2mm，黄褐色，有光泽。花期 5～6 月，果期 6～7 月。

二、杂交酸模的营养特性及其影响因素

1. EM 菌生物有机肥对鲁梅克斯农艺特性及品质的影响

(1) 对鲁梅克斯农艺特性的影响 在不施 EM 菌生物有机肥的情况下，引进品种的株高、叶宽、单株叶片数、分枝数和单株叶面积均显著高于国内品种。在施用了 EM 菌生物有机肥后，引进品种的株高、单株叶片数、分枝数和单株叶面积均显著高于未施 EM 菌生物有机肥处理的品种，但叶宽差异不显著；国内品种株高、叶宽、单株叶片数、分枝数和单株叶面积也均显著高于未施 EM 菌生物有机肥处理的。对植株的叶片形态观察表明，EM 菌生物有机肥处理的鲁梅克斯植株的叶片比较完整，而未施加 EM 菌生物有机肥的植株叶片有破损现象。这说明，EM 菌生物有机肥对鲁梅克斯的生长有较大的促进作用。

对于国外引进的鲁梅克斯品种而言，不施肥情况下，鲜草产量为 93170kg/hm²，干草产量为 21429kg/hm²；施肥情况下，鲜草产量为 116013kg/hm²，干草产量为 26682kg/hm²。而国内鲁梅克斯品种，不施肥情况下，鲜草产量为 82380kg/hm²，干草产量为 18947kg/hm²；施肥情况下，鲜草产量为 95683kg/hm²，干草产量为 22007kg/hm²。可见，EM 菌生物有机肥可以显著提高引进品种和国内品种生物产量和干物质产量，引进品种增产率为 24.51%，国内品种增产率为 16.15%。同一处理下，引进品种在叶簇期的生物产量和干物质产量显著高于国内品种。对鲁梅克斯种植地施 EM 菌生物有机肥，能够明显提高两个品种的生物产量和干物质产量。

(2) 对鲁梅克斯品质的影响 在不施 EM 菌生物有机肥的情况下，引进品种在叶簇期的叶绿素含量与国内品种相比无显著差异；在施 EM 菌生物有机肥的情况下，引进品种和国内品种的叶绿素含量显著增加。这些表明，施 EM 菌生物有机肥能够促进鲁梅克斯叶绿素的生成。单宁是普遍存在于大多数植物中的一种抗营

养因子，饲草中单宁含量的高低直接影响着饲草的适口性。同一供试鲁梅克斯品种施用 EM 菌生物有机肥前后，叶簇期的单宁含量差异不显著；不同品种之间单宁含量存在显著差异，在同一处理下，引进品种在叶簇期的单宁含量显著低于国内品种。这说明 EM 菌生物有机肥对鲁梅克斯叶簇期的单宁含量无影响，引进品种的适口性强于国内品种。

对国外引进鲁梅克斯品种的营养成分进行了测定。未施肥情况下，粗蛋白含量为 18.41%、粗脂肪 3.82%、粗纤维 14.56%、粗灰分 11.68%、盐分 0.73%、维生素 D 0.08mg/kg、维生素 E 171.15mg/kg、胡萝卜素 30.38mg/kg、维生素 K_1 3.26mg/kg、维生素 B_2 2.89mg/kg、维生素 B_6 1.99mg/kg、烟酸 8.77mg/kg、泛酸 83.51mg/kg。施加有机肥的情况下，粗蛋白含量为 20.06%、粗脂肪 4.23%、粗纤维 13.23%、粗灰分 11.87%、盐分 0.65%、维生素 D 0.11mg/kg、维生素 E 358.60mg/kg、胡萝卜素 32.01mg/kg、维生素 K_1 3.17mg/kg、维生素 B_2 5.15mg/kg、维生素 B_6 10.58mg/kg、烟酸 23.06mg/kg、泛酸 38.07mg/kg(蔡振学等，2016)。

施用 EM 菌生物有机肥的引进品种在叶簇期的粗蛋白、粗脂肪和粗灰分的含量均高于未施 EM 菌生物有机肥；粗纤维、盐分及维生素 K 含量均低于未施 EM 生物有机肥，其他维生素及烟酸的含量均高于未施 EM 菌生物有机肥，其中维生素 E、维生素 B_2、维生素 B_6 及烟酸的含量显著增加，分别为未施 EM 菌生物有机肥的 2.10 倍、1.78 倍、5.32 倍和 2.63 倍。泛酸的含量显著降低，为未施 EM 菌生物有机肥的 0.52 倍。这些结果表明，施 EM 菌生物有机肥能够提高鲁梅克斯的营养品质。

2. 施肥和刈割对鲁梅克斯产量和品质的影响

试验设计氮肥类型为 F1(硫铵)、F2(尿素)、F3(硝酸钠)，施氮水平 N1(400kg/hm²)、N2(225kg/hm²)、N3(300kg/hm²)，施

磷 P1（150kg/hm²）、P2（225kg/hm²）、P3（300kg/hm²），施钾水平 K1（0kg/hm²）、K2（75kg/hm²）、K3（150kg/hm²）。

（1）对干物质产量的影响 对鲁梅克斯干物质产量有显著影响的因子是施氮量和氮肥类型，磷肥和钾肥的影响不显著。在整个生育期，施氮量的影响是一致的，N3 和 N2 的产量较 N1 分别极显著地增加 18.22% 和 12.11%，但它们之间的产量差异不显著。从施肥效益角度考虑，最佳水平选定为 N2。氮肥类型的影响较复杂，在第 1、第 2 茬硫铵较好，第 3 茬尿素较好，第 4 茬时 3 种肥料的效应没有显著性差异。总体来看，施用氨氮较为有利。

影响不同氮肥肥效的原因很复杂，一般认为在作物最初生长阶段，由于基施钾肥而土壤钾的浓度较高，可能抑制氨氮被土壤固定，有利于其肥效的发挥。随作物生长和土壤水热条件加强，根际微生物及脲酶活力提高，有促进尿素肥效的作用。至第 4 茬，由于硝氮在盆栽试验中没有淋溶流失，其残效的累积作用使 3 种肥料效应的差异不显著。因磷肥和钾肥效应不显著，选两者的最低水平。最后得出对干物质产量而言，最佳肥料组配为 F1N2P1K1，其预期的年总干物质产量为 12.22t/hm²。

（2）对粗蛋白含量和产量的影响 分组数据所作的方差分析表明，无论试验处理之间还是各次刈割之间均存在极显著差异。粗蛋白含量除决定于作物的基因型外，还受气候和栽培条件的影响，粗蛋白含量因季节变动范围为 27.68%～30.03%。处理之间用正交综合比较法进一步分析发现，施氮量是唯一极显著的因子，N3 水平下作物的粗蛋白含量为 30.08%，N2 水平下粗蛋白含量为 29.52%，二者均极显著地高于 N1 下的 25.70%。

由于施氮量显著影响作物的生物产量及其含氮量，双重作用的结果使不同氮肥水平下作物的粗蛋白产量差异极显著。N1、N2、N3 粗蛋白产量分别为 2.75kg/hm²、3.46kg/hm²、3.71kg/hm²。N3 和 N2 较 N1 增加粗蛋白产量 34.85% 和 25.99%，边际生产率

（单位氮素的粗蛋白产量增量）分别为 1.25kg/kg、3.25kg/kg。在 N3 时其值仍大于零，尚处于经济合理施肥范围，但由于 N3 和 N2 间差异不显著，施氮量最佳水平选为 N2。肥料类型也是影响粗蛋白产量的显著因子，但效应随不同茬次有所不同，总体上施用铵氮比较有利，相对于硝氮增产 8.77%。磷肥和钾肥的影响不显著，根据效益原则考虑，选最低水平。这样无论是对干物质产量还是粗蛋白产量，肥料多因子的最佳组配均为 F1N2P1K1，其预期年粗蛋白产量为 3.63t/hm²。

3. 盐渍化土壤和海水灌溉对鲁梅克斯生产特性的影响

（1）盐渍化土壤对刈割期特性和耐盐碱性的影响　通过对生长到第 2 年的鲁梅克斯 K-1 杂交酸模分枝期、叶簇期、拔节期、开花期的观测，发现开花期叶长、株高时生产量最大，叶长平均为 67.58cm、最大为 83.5cm；平均株高为 130cm、最高可达 138cm。生长到第 2 年刈割 1 茬，鲜草产量可达 31t/hm²，年可刈割 4 茬，收鲜草 124t/hm²。耐盐性鲁梅克斯 K-1 杂交酸模是一种耐盐碱的植物，通过在盐渍化土地栽培和观测，种植该作物后 0～5cm 土层的含盐量有所下降，种植 4、10、13 个月后分别下降 37.03%、50.58%、41.14%；5～30cm 土层含盐量变化较小，种植 4、10、13 个月后分别下降 10.64%、12.57%、11.22%。

鲁梅克斯 K-1 杂交酸模具有极发达的肉质根。第 1 年不形成主根，主要是须根系。根茎粗 1～3cm，根深 50～80cm，栽培第 2 年肉质根粗可达 3cm 以上，表面深褐色，表皮内呈黄褐色，并有须根，根深 200～250cm。取第 2 年开花期根样烧成灰，加水过滤测定含盐量及 pH 值。通过对其根及土壤含盐量的分析，可知鲁梅克斯 K-1 杂交酸模根组织呈弱碱性，根组织的含盐量（0.87%）低于其生长的土壤环境（5～50cm），具有耐碱性环境的能力，抗盐碱能力较强，在含盐量 1.15% 以下的土壤环境生长良好。鲁梅克斯 K-1 杂交酸模根系发达，对水分要求较高，积水或水淹数天根不腐烂，但对生长有一定的影响。每年 11 月入冬后茎叶开始枯萎，此时处于休眠期。越冬后翌年 3 月 25 日左右开始返青萌发，当温度在 20～28℃时生长最快，冬季保苗率在 90％以上，具有较强的抗寒能力。

(2) 盐渍化土壤对营养价值的影响　鲁梅克斯 K-1 杂交酸模叶簇期叶干物质中粗蛋白可达 31％、粗脂肪 3.01％、粗灰分 7.92％、水分 7.16％、钙 1.62％、磷 463mg/100g、维生素 31.27mg/100g、胡萝卜素 16.23mg/100g，年产粗蛋白 $3.846t/hm^2$，且赖氨酸、苏氨酸含量高。因此该牧草成为目前国内外市场蛋白质饲料的重要原料，具有较好的开发利用前景。

(3) 海水灌溉对鲁梅克斯生长发育的影响　不灌溉对鲁梅克斯茎叶的减产相对于其他处理达到极显著水平。在半干旱地区即使用 1∶1 比例的海淡混合水灌溉比不灌溉增产 80％左右。这是因为当年在鲁梅克斯整个生长期内该地区仅降雨 203.9mm，水分成为抑制鲁梅克斯生长的主要因子。在灌溉处理中，全淡水灌溉处理、1∶9 与 1∶3 比例海淡混合水灌溉处理第 1 年鲁梅克斯茎叶产量没有显著差异。海淡混合水比例达到 1∶1 时，鲁梅克斯茎叶产量与其他灌溉处理比较，减产显著，减产幅度约 14％。而鲁梅克斯整个生物产量（根与茎叶总量）各灌溉处理间没有显著差异。

随着海水比例的提高，无论是根还是茎叶，其干重均呈下降的趋势。但总体上来讲，对根部影响小于对茎叶的影响。第 1 次灌溉后鲁梅克斯的苗期生长情况证明了鲁梅克斯苗期耐盐能力较低。随着鲁梅克斯进入叶簇期，进行了第 2 次灌溉处理。其结果相对苗期阶段发生明显的变化，鲁梅克斯根的生长量，全淡水灌溉处理与 1∶9、1∶3 两处理生长量没有差异，而 1∶1 比例海淡混合水灌溉处理鲁梅克斯后根的生长量大于其他灌溉处理，这可能是由于高比例海水灌溉使土壤水分蒸发降低，土壤中保持了较高的水分，致使高比例海水灌溉下鲁梅克斯根部生长好于其他处理，而其茎叶生长量随着灌溉水中海水比例的增加呈下降趋势。

同样的灌溉处理对鲁梅克斯不同生育期生长的影响产生明显的差异，其主要原因是不同生育期海水灌溉对鲁梅克斯的影响机制不同。对植物产生盐害的主要原因是水分胁迫、离子毒害和养分离子不平衡，这些作用往往相互结合在一起，对植物产生共同影响，在不同的条件下对不同植物而言，其影响过程及其程度也不尽相同。正由于鲁梅克斯苗期耐盐性低而进入叶簇期耐盐程度提高这一生物学特征，导致同样的海水灌溉处理对苗期与叶簇期的反应不同。鲁梅克斯苗期根部生长量为全淡水灌溉＞海淡 1：3＞海淡 1：9＞海淡 1：1，而叶簇期则海淡 1：1＞全淡水＞海淡 1：3＞海淡＞1：9，生物量为全淡水＝海淡 1：1＞海淡 1：9＞海淡 1：3。

从鲁梅克斯后期田间叶面积指数及光合速率的变化来看，灌溉 40d 后，即使用 1：1 比例海淡混合水灌溉，鲁梅克斯叶面积指数与海淡 1：3、海淡 1：9 乃至全淡水灌溉也未产生明显差异，光合速率也是如此。由于鲁梅克斯苗期耐盐性较低，因此海水灌溉引起的盐害成为鲁梅克斯苗期生长的主要影响因子；随着鲁梅克斯生长进入叶簇期，其耐盐能力提高，海水灌溉形成的新的盐分平衡不至于对鲁梅克斯产生严重的盐害，而土壤中的水分胁迫转化成为影响鲁梅克斯生长的主要因素（刘兆普等，2003）。

海淡混合水 1：1 比例灌溉处理鲁梅克斯在第 1 年根部干重最高，其主要原因可能是在高矿化水灌溉下，干旱地区土壤水分胁迫在某种程度得到一定的缓解。根据田间小区不同处理土壤中水分变化特征不难发现，随着海水比例的提高，土壤中水的保蓄能力大大增强，每次灌溉后随时间的推移，土壤中含水量差异越来越大，至 10～15d，1：1 比例海淡混合水灌溉处理中土壤含水量为全淡水灌溉处理的 2 倍左右，这主要是高矿化水灌溉显著降低土壤水的蒸发。这就明显地缓解因干旱产生的水分胁迫对鲁梅克斯生长的影响。同时土壤中较高的含水量又可缓解盐分对植物的危害。可见，用一定比例的海淡混合水灌溉鲁梅克斯等耐盐经济作物，从植物生长上看，只要方法得当，用量适宜，仍可获得满意的生物产量。

三、杂交酸模的利用技术

案例 1
日粮中添加酸模草粉对商品肉鸡生产性能的影响

（1）材料与方法 选择 1 日龄健康 AA 肉鸡 384 只，雏鸡购自北京华都家禽育种有限公司。将试鸡按公母比 1∶1 随机分配到 4 个处理组，每个处理 8 个重复，每个重复 12 只鸡，公母分开饲养。试验开始时给每只鸡编翅号并称重。按三阶段法（0～21 日龄、22～35 日龄、36～49 日龄）饲养。基础日粮为玉米-豆粕型日粮，试验组日粮为在 0～21 日龄基础日粮中分别添加 1%、2% 和 3% 酸模草粉；在 22～25 日龄基础日粮中分别添加 3%、4% 和 5% 酸模草粉；在 36～49 日龄基础日粮中分别添加 6%、8% 和 12% 酸模草粉。试验用酸模草粉由黑龙江绿色工程研究院提供，其常规养分含量的实测值为：表观代谢能 10.71kJ/kg、真代谢能 11.68MJ/kg、干物质 88.08%、粗蛋白质 25.53%、粗纤维 14.45%、粗灰分 16.10%、钙 1.85%、磷 0.42%。氨基酸含量的实测值为：天冬氨酸 1.62%、苏氨酸 0.93%、丝氨酸 0.87%、谷氨酸 4.32%、脯氨酸 1.08%、甘氨酸 0.94%、丙氨酸 1.12%、半胱氨酸 0.28%、缬氨酸 1.25%、蛋氨酸 0.15%、异亮氨酸 0.75%、亮氨酸 1.56%、苯丙氨酸 1.06%、组氨酸 0.44%、赖氨酸 1.66%、精氨酸 0.91%。日粮配合参照 NRC《家禽营养需要》（1994），同期各处理组日粮能量和蛋白质水平相同。各处理组日粮组成和养分含量见表 4-1、表 4-2 和表 4-3。

表 4-1　10～21 日龄各处理组日粮组成和养分含量

项目	处理 1 （对照组）	处理 2 （1％草粉）	处理 3 （2％草粉）	处理 4 （3％草粉）
组成成分				
玉米/％	59.95	59.3	58.6	57.9
大豆粕/％	31	30.56	30.06	29.6
鱼粉/％	3	3	3	3
酸模草粉/％	0	1	2	3
石粉/％	0.79	0.75	0.7	0.68
磷酸氢钙/％	1.73	1.75	1.75	1.77
食盐/％	0.3	0.3	0.3	0.3
1％混料/％	1	1	1	1
蛋氨酸/％	0.17	0.17	0.17	0.17
毛豆油/％	2	2.1	2.5	2.5
赖氨酸/％	0.06	0.07	0.08	0.08
养分含量(计算值)				
代谢能/(kJ/kg)	12.18	12.18	12.18	12.18
粗蛋白质/％	20	20	20	20
钙/％	0.91	0.92	0.92	0.93
有效磷/％	0.45	0.45	0.45	0.45
赖氨酸/％	1.2	1.2	1.2	1.2
蛋氨酸/％	0.52	0.52	0.52	0.51
蛋氨酸＋胱氨酸/％	0.85	0.84	0.83	0.82

表 4-2　22～35 日龄各处理组日粮组成和养分含量

项目	处理 1 （对照组）	处理 2 （3％草粉）	处理 3 （4％草粉）	处理 4 （5％草粉）
组成成分				
玉米/％	61.37	59.50	58.78	58.20
大豆粕/％	28.40	26.95	26.49	26.05
鱼粉/％	3.00	3.00	3.00	3.00

项目	处理 1 (对照组)	处理 2 (3%草粉)	处理 3 (4%草粉)	处理 4 (5%草粉)
酸模草粉/%	0.00	3.00	4.00	5.00
石粉/%	1.00	0.85	0.79	0.75
磷酸氢钙/%	1.40	1.45	1.47	1.45
食盐/%	0.30	0.30	0.30	0.30
1%混料/%	1.00	1.00	1.00	1.00
蛋氨酸/%	0.05	0.05	0.05	0.05
毛豆油/%	3.30	3.70	3.90	4.00
赖氨酸/%	0.18	0.20	0.20	0.20
养分含量(计算值)				
代谢能/(kJ/kg)	12.60	12.60	12.60	12.60
粗蛋白质/%	19.00	19.00	19.00	19.00
钙/%	0.90	0.91	0.91	0.90
有效磷/%	0.40	0.41	0.40	0.42
赖氨酸/%	1.13	1.13	1.13	1.13
蛋氨酸/%	0.38	0.38	0.38	0.38
蛋氨酸+胱氨酸/%	0.70	0.67	0.67	0.66

表 4-3　36～49 日龄各处理组日粮组成和养分含量

项目	处理 1 (对照组)	处理 2 (6%草粉)	处理 3 (8%草粉)	处理 4 (12%草粉)
组成成分				
玉米/%	62.1	58.16	57	54.6
大豆粕/%	26.8	24	22.7	20.7
鱼粉/%	4	4	4	4
酸模草粉/%	0	6	8	12
石粉/%	1	0.85	0.79	0.75
磷酸氢钙/%	1.4	1.45	1.47	1.45
食盐/%	0.3	0.3	0.3	0.3

项目	处理 1 （对照组）	处理 2 （6％草粉）	处理 3 （8％草粉）	处理 4 （12％草粉）
1％混料/％	1	1	1	1
蛋氨酸/％	0.05	0.05	0.05	0.05
毛豆油/％	3.3	4	4.5	5
赖氨酸/％	0.2	0.2	0.2	0.2
养分含量（计算值）				
代谢能/（kJ/kg）	12.64	12.64	12.64	12.64
粗蛋白质/％	19.06	19.1	19	19
钙/％	0.91	0.91	0.9	0.9
有效磷/％	0.4	0.4	0.4	0.4
赖氨酸/％	1.13	1.13	1.12	1.12
蛋氨酸/％	0.39	0.38	0.38	0.38
蛋氨酸＋胱氨酸/％	0.65	0.65	0.58	0.57

（2）结果与分析　添加酸模草粉对肉用仔鸡生产性能的影响见表 4-4。

表 4-4　不同比例酸模草粉对 0～49 日龄肉鸡生产性能的影响

时间	项目	对照组	1％、3％、 6％草粉组	2％、4％、 8％草粉组	3％、5％、 12％草粉组
0～21d	平均始重	35.29±0.83	35.23±0.42	35.51±0.68	35.51±1.13
	平均日增重	26.68±2.49	26.98±3.06	26.71±2.70	26.82±3.09
	平均日采食量	42.20±2.04	41.35±1.87	42.55±2.20	41.38±2.21
	饲料/增重	1.59±0.11	1.54±0.06	1.59±0.05	1.57±0.12
22～35d	平均日增重	46.4±7.6	47.5±7.4	45.8±7.4	45.3±9.1
	平均日采食量	107.50±7.94	111.49±4.60	109.22±6.67	109.23＋10.08
	饲料/增重	2.33±0.22	2.36±0.18	2.39±0.16	2.42±0.27
36～49d	平均日增重	44.01±9.74[a]	44.81±9.88[a]	43.42±10.33[a]	40.08±13.27[b]
	平均日采食量	124.60±9.95	133.29＋9.23	130.12±7.46	129.99±9.05
	饲料/增重	2.83±0.15[a]	2.98＋0.19[a]	3.05±0.42[ab]	3.27±0.29[b]

时间	项目	对照组	1%、3%、6%草粉组	2%、4%、8%草粉组	3%、5%、12%草粉组
0~49d	平均日增重	37.49±4.13^ac	38.07±4.49^ac	37.25±4.38^c	35.98±5.37^bc
	平均日采食量	84.40±3.26	87.66±3.09	86.62±4.48	86.08±4.42
	饲料/增重	2.15±0.09^ac	2.18±0.11^c	2.24±0.14c	2.29±0.14^bc

注：同行数字肩标小写字母不同者表示差异显著（$P<0.05$）。

① 平均日增重。0~21d，添加草粉的各组平均日增重均略高于对照组，1%草粉组最高，但组间差异不显著（$P>0.05$）。22~35d，除3%草粉组高于对照组外，其余两组均低于对照组，各处理间差异不显著（$P>0.05$）。35~49d，添加12%草粉组的平均日增重显著低于对照组、6%和8%草粉组（$P<0.05$），其他处理间差异不显著。0~49d，添加高水平草粉组显著低于对照组、低水平和中等水平草粉处理组（$P<0.05$），添加中等水平草粉组显著低于对照组和低水平草粉组（$P<0.05$）。

② 平均日采食量。0~21d，添加草粉的各组平均日采食量均略高于对照组，2%草粉组最高，但组间差异不显著（$P>0.05$）。22~35d，3%、4%、5%草粉组均高于对照组，3%草粉组最高，但各处理间差异不显著（$P>0.05$）。35~49d，添加6%、8%和12%草粉组的平均日采食量均高于对照组，6%草粉组最高，且处理间差异不显著。0~49d添加不同水平草粉平均日采食量均高于对照组，组间差异不显著（$P>0.05$）。

③ 耗料增重比。0~21d，添加草粉的各组耗料增重比与对照组相近，1%草粉组最低，但组间差异不显著（$P>0.05$）。22~35d，3%、4%、5%草粉组均高于对照组，且随着草粉添加水平的增加而增加，但各处理间差异不显著（$P>0.05$）。35~49d，添加6%、8%和12%草粉组均高于对照组，12%草粉组与对照组差异显著（$P<0.05$）。0~49d，添加不同水平草粉耗料增重比均高于对照组，高水平草粉组显著高于对照组（$P<0.05$），其他组间

差异不显著（$P > 0.05$）。

（3）结论 在本试验条件下，商品肉鸡前、中、后期日粮中酸模草粉的添加比例以 1％、3％和 6％组合为宜。

案例 2
酸模菠菜对鸡产蛋的影响

（1）材料与方法 选相同周龄、产蛋率 80％以上海赛商品蛋鸡 360 只，随机分成 3 组，每组 120 只。均饲养于同一半开放简易鸡舍中的同一列全阶梯三层蛋鸡笼内。自然加人工辅助光照。预饲 10d 后转入正试期，正试期为 2 个月。试验用酸模粉产自宁夏青铜峡市峡口试验基地，由九月份收获的人工栽培、当年生丛生叶簇全株（包括枯黄叶片），经自然风干后粉碎而成。经测定，其含干物质 94.8％、粗蛋白 13％、粗纤维 12.93％、粗脂肪 1.96％、无氮浸出物 47.79％。

采用随机设计。分别设试验 I 组、试验 II 组和对照组。各组基础日粮是：对照组为玉米＋饼粕类；试验 I 组为玉米＋饼粕＋4％酸模粉；试验 II 组为玉米＋饼粕＋6％酸模粉。三组日粮的营养水平一致。

（2）结果与分析

① 产蛋与耗料情况。试验期内，平均产蛋率、蛋重及只日耗料见表 4-5。

表 4-5　参试鸡产蛋与耗料情况

项目	对照组	试验 I 组	试验 II 组
产蛋率/％	80.05±1.05	84.46±1.26	81.70±2.55
蛋重/(克/枚)	62.65±1.08	61.27±1.33	62.03±1.42
耗料/[克/(只·日)]	115.04	123.64	123.91
料蛋比	2.29	2.4	2.41

表中各项测定指标说明，试验 I、II 组鸡的平均产蛋率略高于对照组（$P > 0.05$）。对照组鸡的平均每枚蛋较两试验组鸡的略重

（$P > 0.05$）。只日耗料量对照组最低，分别比试Ⅰ、Ⅱ组少耗8.60g和8.87g。料蛋比对照组最好，每产1kg蛋比试验Ⅱ组分别节约0.11kg和0.12kg配合料，但差异不显著（$P > 0.05$）。试验结果提示，商品蛋鸡可利用酸模粉作饲料，但在配合日粮中的比例应控制在4％以内。

② 蛋品质。从测定的蛋品质情况来看（表4-6），对照组鸡的蛋重、蛋黄重、蛋白重及蛋白哈夫单位等指标的绝对量均略高于试验组，但各组之间的差异均不显著（$P > 0.05$）。

表 4-6 酸模菠菜对蛋品质的影响

项目	对照组	试验Ⅰ组	试验Ⅱ组
蛋重/g	60.25±5.04	59.93±5.31	59.76±5.83
蛋黄重/g	17.01±1.55	15.98±1.23	15.87±1.49
（蛋黄重/蛋重）/％	27.09±2.27	26.71±1.74	26.11±2.80
蛋白重/g	38.89±3.95	37.05±3.76	36.21±4.42
（蛋白重/蛋重）/％	61.98±1.88	61.86±2.59	61.47±3.64
蛋壳重/g	6.56±0.36	6.21±0.44	5.98±0.80
（蛋壳重/蛋重）/％	10.45±0.97	10.39±0.82	10.21±1.13
蛋白哈夫单位	82.85±5.00	81.93±7.53	81.09±7.93
蛋形指数	0.76±0.04	0.75±0.03	0.77±0.03

③ 经济效益。蛋价是以当时的市场批发价计；饲料成本以组成配方各原料的实际购入价格核算；酸模粉按一般农作物亩投入产出价估算。经济效益分析见表4-7。

表 4-7 经济效益分析

项目	对照组	试验Ⅰ组	试验Ⅱ组
产蛋量/kg	276.9	285.05	282.8
单价/(元/kg)	5.6	5.6	5.6
总金额/元	1150.64	1596.28	1583.68
耗料/kg	635.02	682.49	683.98

项目	对照组	试验Ⅰ组	试验Ⅱ组
单价/(元/kg)	1.36	1.35	1.33
总金额/元	863.63	921.38	909.69
人工及水电费/元	115.45	115.45	115.45
费用合计/元	979.08	1036.81	1025.14
纯收入/元	571.56	559.47	558.54
平均产蛋收入/(元/只)	4.76	4.66	4.65

(3) 结论

① 在配合日粮中配以 4% 酸模粉对产蛋鸡的主要生产性能没有不良影响，配合 6% 时有影响趋势。

② 据测定，酸模菠菜在不同生长阶段，其营养成分的含量变化较大（粗蛋白由 13%～38%）。由此推测其饲用价值的变化也会相应较大。以上试验结论只适用于本次试验用酸模粉。关于酸模菠菜的应用前景还需进一步研究与探讨。

第二节　葎草属

一、优质葎草属品种

1. 葎草

中国除新疆、青海外，其他各省区均有分布；俄罗斯、朝鲜、日本也有分布。

多年生茎蔓草本植物。株长 1～5m，雌雄异株，通常群生，茎和叶柄上有细倒钩，叶片呈掌状，茎喜缠绕其他植物生长。3、4月间出苗，雄株 7 月中、下旬开花，花序圆锥状，花被 5 片，绿色。雌株 8 月上、中旬开花，花序为穗状。9 月中、下旬成熟。耐寒，抗旱，喜肥，喜光。夏、秋季采收。排水良好的肥沃土壤，生长迅速，管理粗放，无需特别照顾，可根据长势略加修剪。嫩茎和叶可做食草动物饲料。

2. 滇葎草

滇葎草是葎草属一种多年生攀援草本植物，生活在中海拔地区的山谷里，果穗可以酿造啤酒。枝条和叶柄具倒钩状刺毛。顶部的叶卵形，以下的叶掌状 3～5 裂，裂至中部以上，长 5～14cm、宽 4～13cm；先端长渐尖，基部圆形或心形，表面粗糙，散生糙伏毛，背面被绒毛并沿脉有硬毛，裂片三角状卵形，边缘具锯齿；叶柄长 3～11cm。雌花呈球果状穗状花序，长 3～7cm；苞片卵状长圆形，干膜质，几无毛，长 1.5～3cm、宽 2～4cm，内面具显著隆起的网脉，外面具黄色树脂状腺体。瘦果扁球形，两侧略压扁，两端微凸，直径约 3mm，成熟时包于苞片内。

3. 忽布

忽布，又称啤酒花、蛇草，葎草属一种多年生草本蔓性植物。忽布蔓长 6m 以上，通体密生细毛，并有倒刺。叶对生，纸质，卵形或掌形，3～5 裂，有粗锯齿。原产欧洲、美洲和亚洲。可用于酿造啤酒和药用。

(1) 特征特性 叶卵形或宽卵形，长 4～11cm、宽 4～8cm，先端急尖，基部心形或近圆形，不裂或 3～5 裂，边缘具粗锯齿，表面密生小刺毛，背面疏生小毛和黄色腺点；叶柄长不超过叶片。雄花排列为圆锥花序，花被片与雄蕊均为 5；雌花每两朵生于一苞片腋间；苞片呈覆瓦状排列为一近球形的穗状花序。果穗球果状，直径 3～4cm；宿存苞片干膜质，果实增大，长约 1cm，无毛，具油点。瘦果扁平，每苞腋 1～2 个，内藏。花期 7～8 月，果期 9～10 月。喜冷凉，耐寒畏热，生长适温 14～25℃，要求无霜期 120d 左右。长日照植物，喜光，全年日照时数需 1700～2600h。不择土壤，但以土层深厚、疏松、肥沃、通气性良好的壤土为宜，中性或微碱性土壤均可。穗状花序椭球形，长 2.5～3cm、直径 1.5～2.5cm。

（2）栽培要点 定植时间，早春气温平均在 10～12℃ 时即可定苗。种植方法，根据气候条件、品种和架形的差别，当年生株距为 0.5m、行距 2.5～3m，次年每隔一株疏去一株，使株距保持在 1m 左右。定植前将种苗用 0.5% 波尔多液浸泡 5min，以防病虫感染。定植时以 45° 向阳栽于沟坑内中央，种苗顶端距地表 10～12cm 覆土踏实，填平后再覆土 5cm，栽植后灌水。春季定植后约 20d 出土，要及时检查出苗情况及早补栽。

二、葎草的营养特性及其影响因素

1. 不同支持物对葎草雌雄株光合特性及生物量结构的影响

（1）对单叶面积和叶绿素的影响 支持物对雄、雌株分枝的单叶面积有显著影响，攀援越高的分枝单叶面积减小越显著。雌株分枝的总叶面积在有支持物下显著减少，但雌株分枝的总叶面积及雄、雌株分枝叶面积比率和比叶面积都未受影响，仅乔木处理中雄株分枝的叶面积比率显著高于无支持物处理。双因子方差分析说明，单叶面积在总处理间、性别间、支持物间均有极显著差异，性别间差异大于支持物间，雌株的单叶面积在乔木、灌木球、无支持物下均大于雄株；而总叶面积在性别间无差异，在支持物间、总处理间存在显著差异，但仅雄株分枝总叶面积受支持物影响；叶面积比率在性别间差异显著，雌株分枝的单位生物量叶面积均大于雄株；比叶面积在总处理间、性别间、支持物间均无差异。

可见，在不同支持条件下，葎草通过减少单叶面积、增加叶片数调节总叶面积。雌株叶面积参数均比雄株大，说明雌株的光合作用物质基础大于雄株。支持物显著增加了雄、雌株分枝叶片中吸收光能的叶绿素 a 含量，攀援高枝条显著增加叶绿素 a 的含量。但对传递光能的叶绿素 b 影响较小，仅乔木支撑下雌株分枝叶片的绿素 b 显著高于灌木球、无支持物处理，致使该分枝叶片中反映植物对光能利用率的叶绿素 a/b 显著增加。

叶绿素 a 在性别间和支持物间均有显著差异，攀援越高分枝的含量越大，雄株含量显著高于雌株。支持物虽然增加了叶绿素 b 含量及叶绿素 a/b 值，但在性别间、支持物间均无差异。支持物主要影响分枝叶片的叶绿素 a 含量，对叶绿素 b、叶绿素 a/b 值影响不显著。可见，支持物对叶绿素含量的影响存在一定的性别差异，雄株吸收与利用光能色素基础大于雌株。

(2) 对可溶性糖含量和生物量结构的影响 支持物对雄、雌株分枝叶片光合产物可溶性糖含量有极显著的影响，分枝攀援越高含量越大。方差分析表明，性别间、支持物间可溶性糖含量均表现出极显著的差异，雄株显著高于雌株，但支持物对分枝糖含量的影响大于性别，尤其从无支持物到灌木球处理叶片有效光合速率增加了 18%～32%，可溶性糖含量增加了 10%～11%，而从灌木球到乔木处理光合速率仅增加了 4%～6%，可溶性糖仅增加了 5%～6%。说明能否找到支持物是影响葎草分枝光合速率与光合效率的主要因素，而攀援高度影响次之。

雌株在分枝水平下其叶分配比、茎分配比及花分配比都没有受到支持物差异的显著影响，仅乔木处理下花分配比显著大于无支持物处理。雄株在分枝水平下其叶分配比、茎分配比均显著受支持物差异的影响，在乔木处理下叶分配比和花分配比显著低于无支持物处理，而乔木与灌木球处理、灌木球与无支持物处理间无显著差异。支持物差异显著降低了雄株在分枝水平下的茎分配比。生物量分配表现出显著的性别差异，雌株叶分配比显著高于雄株，而花分配比显著低于雄株，但茎分配比性别间差异不明显。在分枝水平下，雌株的生物量分配可塑性显著低于雄株，雌株总生物量、茎和叶分配比均未受支持物差异的影响而趋于稳定；雄株在有可利用支持物时，则显著增加总生物量、增大茎分配比，而降低了叶分配。

在构件水平下，雄株叶茎分配比与雌株花分配比表现出显著差异。双因子方差分析发现，分枝构件分配比在性别间无差异，支持物差异是引起分枝构件分配比差异的主要原因。叶分配比在无支持物处理时的值最大，可利用的支持物越高叶分配比越低；茎分配比则在灌木球处理条件下最小，高支持物乔木处理与无支持物处理间无差异；花生物量则显著优先向乔木处理条件下的分枝分配。支持物显著影响了雄株分枝间的营养生长构件分配比，显著影响雌株分枝间的生殖生长构件分配比。

在单株水平下，叶分配比仅在支持物间差异显著，而茎、花分配比在性别间、支持物间均有显著差异，说明性别间差异大于支持物间。支持物显著影响了雄株茎、叶分配比与雌株花分配比，有无支持物或支持物高低，对雌株分枝在单株水平下茎叶分配比影响较小。单株水平下雄株花分配比显著高于雌株，支持物越高分枝获得的花分配比越低（刘金平等，2015）。

2. 葎草鲜品不同部位的挥发油成分及含量

葎草雄花、雌花、茎和叶所鉴定组分的相对含量分别占各部位挥发油总量的 97.034%、96.432%、78.753% 和 53.187%；4 个部位具有相同的挥发性化学成分 12 个，其主要成分均含有 β-石竹烯、(E)-β-金合欢烯、δ-杜松烯、β-榄香烯、环氧石竹烯等。

(1) 雌、雄花中挥发油组分 葎草不同部位挥发油成分的相对含量有一定的差异。雌花中主要化学成分是 β-石竹烯、可巴烯、δ-杜松烯、γ-古芸烯、(E)-β-金合欢烯、α-石竹烯等。雄花中主要成分是 β-石竹烯、香树烯、β-月桂烯、β-榄香烯、β-瑟林烯、(E)-β-金合欢烯、α-石竹烯等。葎草不同部位具有特有的挥发性成分，雌花中特有 (E)-2-壬烯醛、十一醛等，雄花中特有 3-辛酮、辛醛、(E)-3,7-二甲基-2-6-辛二烯醛、巴伦西亚橘烯等。

(2) 茎、叶中挥发油组分 葎草叶中主要成分是 β-石竹烯、(E)-β-金合欢烯、可巴烯、δ-杜松烯、α-石竹烯、马兜铃烯、环氧石竹烯等。茎中主要成分是 1-辛烯-3-醇、β-石竹烯、(E)-β-金合欢烯、β-榄香烯、δ-杜松烯、β-蒎烯等。叶中特有 3-戊醛、3-甲基吡啶、环己醇、丁酸苄酯、烟碱、正壬烷、长叶烯、正十六烷等，茎中特有苯乙醛、水杨酸甲酯等。

总之，葎草鲜品的雌花、雄花、叶和茎 4 个部位都具有 β-石竹烯、1-辛烯-3-醇、(E)-β-金合欢烯、δ-杜松烯、β-榄香烯、环氧石竹烯等，且 β-石竹烯含量较高（雌花含有 26.67%、雄花含有 22.7%、叶含有 32.4%、茎含有 8.3%）。

3. 不同温度下雌雄葎草营养生长期的生长特性

（1）温度对营养生长持续期和叶性状的影响　温度对葎草营养生长持续期产生显著影响。在 20℃ 处理下营养期最短，约为 28d，仅为 25℃ 的营养生长持续期的一半左右。雌、雄株性别间差异显著，在 20℃ 时雌株先于雄株完成营养生长，而 15℃、20℃ 时雄株先于雌株完成营养生长。方差分析表明，在性别间、温度间及互作间，营养生长持续期均有显著差异。葎草雌、雄株叶宽和单叶面积受温度影响差异显著，性别间差异不显著。叶长在性别间、温度间差异均显著。25℃、20℃ 下，雄株的总叶数均略高于雌株。25℃ 时雌株的单叶面积大于雄株，在 15℃、20℃ 时雄株单叶面积大于雌株；且雌株的单叶面积随温度升高先减小再增大，雄株无规律。叶长、叶宽、单叶面积在温度与性别互作间差异均显著。

雌、雄株茎的分枝数、茎长度、茎直径及节间长在温度间差异显著，性别间除分枝数外，均差异不显著。分枝数和茎直径在温度和性别间的互作效应显著。所有温度下，雌株分枝数均大于雄株。20℃ 时雌、雄株分枝数均最少。随温度升高，雄株茎长度和节间长性状显著升高；雌株则没有明显的规律；雄株茎直径显著下降，除 15℃ 外且始终小于雌株，雌株无明显的规律，仅 20℃ 时茎直径达到最大值。雌、雄株根长在温度间、性别间及互作用方面均差异显著。随温度升高，雌株根长先增后降，但雄株根系则越来越长。可见，雌株的根系对温度胁迫的抗性显著高于雄株，这或许就是野生种群中雌雄比例失衡的主要原因。

（2）温度对各构件鲜质量和干质量的影响　葎草雌雄植株根、

茎、叶的鲜质量与干质量在温度和性别间均表现出显著差异。雌株根、叶的鲜质量和干质量在不同温度水平下均显著大于雄株，茎的鲜质量和干质量仅在 20℃ 时小于雄株。雌、雄株根的鲜、干质量均随着温度上升逐渐增大。雌雄株茎、叶则没有类似的规律。各构件的鲜质量的温度与性别互作效应显著。温度对葎草雌、雄单株生物总量的影响差异显著。性别间生物总量差异亦显著，雌株的生物总量大于雄株。随着温度升高，根的生物量比例逐渐增大，且雌株均大于雄株，增长幅度基本一致。茎、叶的生物量比例在性别间差异显著。

随着温度升高，雄株茎生物量比例逐渐增大；雌株茎生物量比例先降低再升高。随着温度升高，雌株叶的生物量比例先增后降，20℃ 时达到最大值；雄株叶生物量比例则逐渐降低，在 25℃ 时与雌株基本持平。雌雄株应对不同温度时，根茎叶生物量分配方式各不相同。随着温度上升雄株倾向于减少叶片的有机物含量，雌株则通过根的延伸以吸取更多的营养物质，为接下来的生殖生长提供物质基础。根、茎、叶的生物量分配的温度与性别互作效应显著（段婧等，2013）。

三、葎草的利用技术

案例
葎草醇提物对 AA 肉鸡生长性能、屠宰性状和肉品质的影响

(1) 材料与方法　葎草醇提物的获得：超声波萃提取，提取液为 75% 乙醇，葎草（g）：萃取液（mL）= 1 : 20，40～50℃ 提取 50min，过滤所得提取液经旋转蒸发仪除去部分酒精和水分。以芦丁为标准品，用分光光度计测得其中黄酮类物质的含量为 1.05mg/mL。选择 240 只 1 日龄健康的 AA 肉仔鸡（购自开封正大），随机分成 4 个处理组：基础日粮组、试验组Ⅰ、试验组Ⅱ、试验组Ⅲ，葎草醇提物添加量分别为 510mL/kg 和 15mL/kg。每处理组 6 个重复，每个重复 10 只鸡。试验期为 42d。

基础日粮组成及营养水平见表 4-8。试验组Ⅰ、试验组Ⅱ、试验组Ⅲ分别在基础日粮组的基础上添加 5mL/kg、10mL/kg 和 15mL/kg 的荜草醇提物。

表 4-8　基础日粮组成及营养水平

原料组成	0～3 周	3～6 周	营养水平	0～3 周	3～6 周
玉米/%	41.41	39.06	禽代谢能/(MJ/kg)	12.04	13.38
大豆粕/%	30.00	15.00	总燃烧热/(MJ/kg)	17.81	17.23
玉米 DDGS/%	20.00	10.00	粗蛋白/%	23.00	19.96
菜籽粕/%	5.00	7.00	钙/%	1.00	0.49
米糠/%	5.00	7.00	有效磷/%	0.48	0.49
植物油/%	4.37	5.00	赖氨酸/%	1.12	0.80
磷酸氢钙/%	1.70	1.60	蛋氨酸/%	0.37	0.34
石粉/%	1.22	1.04			
小麦麸/%	—	3.00			
预混料%	1.00	1.00			

（2）结果与分析

① 荜草醇提物对肉鸡生长性能的影响。由表 4-9 可知，随着荜草醇提物添加量的增加，AA 肉鸡的平均采食量有降低趋势，但差异不显著（$P>0.05$）；试验组的平均日增重与基础日粮组相比具有增大趋势，但差异不显著（$P>0.05$）；料重比，试验组Ⅰ和试验组Ⅱ与基础日粮组相比显著降低（$P<0.05$）。

表 4-9　荜草醇提物对肉鸡生长性能的影响

组别	平均采食量/[g/(d·只)]	平均日增重/[g/(d·只)]	料重比
基础日粮	83.90±2.32	41.74±1.40	2.11±0.04[a]
试验组Ⅰ	83.02±0.24	41.71±0.58	2.01±0.07[ab]
试验组Ⅱ	82.67±2.90	42.32±1.29	1.96±0.03[b]
试验组Ⅲ	82.43±1.38	41.89±0.78	1.97±0.06[b]

注：同行数字肩标小写字母不同者表示差异显著（$P<0.05$）。

② 葎草醇提物对肉仔鸡屠体性能的影响。由表 4-10 可知，试验组具有提高肉鸡屠体率和全净膛率的作用，试验组Ⅰ与基础日粮组相比差异显著（$P<0.05$），试验组Ⅰ和试验组Ⅱ与基础日粮组相比差异不显著（$P>0.05$）；试验组与对照组相比能够显著提高（$P<0.05$）肉鸡胸肌率，且试验组Ⅱ与试验组Ⅰ和试验组Ⅲ相比，差异显著（$P<0.05$）；试验组Ⅰ和试验组Ⅲ与基础日粮组相比，腿肌率显著提高（$P<0.05$）。

表 4-10　葎草醇提物对肉仔鸡屠体性能的影响

组别	屠体率/%	全净膛率/%	胸肌率/%	腿肌率/%
基础日粮	96.84+0.21[a]	70.04+0.69[a]	20.13+0.42[a]	20.05+0.23[a]
试验组Ⅰ	96.95+0.73[a]	71.41+1.30[ab]	21.18+0.39[b]	20.08+0.41[a]
试验组Ⅱ	98.24+0.50[b]	72.45+1.24[b]	22.23+0.41[c]	21.36+0.31[b]
试验组Ⅲ	97.06+0.68[ab]	71.09+1.36[ab]	21.08+0.22[d]	21.02+0.43[b]

注：同行数字肩标小写字母不同者表示差异显著（$P<0.05$）。

③ 葎草醇提物对肉鸡肉品质的影响。由表 4-11 可知，试验组与基础日粮组相比，具有提高 AA 肉鸡腿肌 L^* 值和 A^* 值的趋势，且试验组Ⅰ与基础日粮组相比，腿肌 A^* 值显著提高（$P<0.05$）；试验组Ⅱ与基础日粮组和试验组Ⅰ相比，胸肌 L^* 值和 A^* 值显著提高（$P<0.05$），试验组Ⅰ和试验组Ⅱ与基础日粮组 L^* 值和 A 值差异不显著（$P>0.05$）；随着葎草醇提物的增加，腿肌和胸肌的 B^* 值不断减小，试验组Ⅰ的 B 值高于基础日粮组，试验组Ⅱ和试验组Ⅲ的 B^* 值低于对照组，但差异均不显著（$P>0.05$），试验组Ⅰ与试验组Ⅱ相比差异显著（$P<0.05$）；试验组具有降低腿肌和胸肌剪切力的作用，且试验组Ⅰ腿肌剪切力与基础日粮组相比显著降低（$P<0.05$）；试验组具有降低腿肌和胸肌失水率的作用，且试验组与对照组相比，胸肌失水率显著降低（$P<0.05$）。葎草醇提物具有提高腿肌和胸肌 pH 的趋势，但试验组与对照组相比，差异均不显著（$P>0.05$）。

表 4-11 葎草醇提物对肉鸡肉品质的影响

肌肉类型	项目	基础日粮	试验组Ⅰ	试验组Ⅱ	试验组Ⅲ
腿肌	L^*	5551±0.61	55.85±1.71	56.48±0.54	56.76±0.66
	A^*	6.88±0.05[a]	6.90±0.11[a]	7.16±0.12[b]	7.05±0.14[ab]
	B^*	15.11±2.19[ab]	17.70±1.32[b]	15.07±1.08[ab]	14.55±1.99[a]
	剪切力/N	28.28±1.52[b]	27.45±1.44[ab]	24.83±1.64[a]	26.78±1.50[ab]
	失水率/%	6.62±0.25[a]	6.26±0.52	6.51±0.33	6.54±0.31
	pH(45min)	6.71±0.10	6.89±0.18	6.84±0.13	6.89±0.20
胸肌	L^*	55.59±1.20[a]	55.85±0.88[a]	57.27±1.41[b]	56.68±1.82[ab]
	A^*	6.86±0.19[a]	6.88±0.14[a]	7.22±0.10[b]	6.97±0.13[a]
	B^*	14.71±2.01[ab]	16.10±1.16[b]	14.54±0.88[ab]	13.78±1.91[a]
	剪切力/N	25.31±1.54	23.97±2.12	23.65±2.06	24.11±1.40
	失水率/%	14.94±0.37[b]	10.64±0.55[a]	10.96±0.87[a]	11.31±0.47[a]
	pH(45min)	7.28±0.16	7.40±0.04	7.37±0.14	7.35±0.09

注：同行数字肩标小写字母不同者表示差异显著（$P<0.05$）。

(3) 结论 本试验结果表明：

① 在 AA 肉鸡的基础日粮中添加葎草醇提物具有降低平均采食量的趋势，但可提高日增重，显著降低料重比（$P<0.05$），说明葎草醇提物可以提高饲料的利用率。

② 葎草醇提物可以提高 AA 肉鸡的全净膛率、腿肌率和胸肌率，且试验组Ⅰ与对照组相比差异显著（$P<0.05$）。

③ 葎草醇提物具有改善肉色、降低肌肉剪切力和失水率、提高肌肉 pH 的作用。

④ 10mg/kg 葎草醇提物对肉鸡的饲喂效果最佳。

主要参考文献

[1] 高文俊，董宽虎，郝鲜俊．日粮中添加苜蓿草粉对蛋鸡生产性能、蛋品质的影响[J]．山西农业大学学报（自然科学版），2006，（02）：195-198．

[2] 冯焱，刘平，佟建明．添加不同剂量苜蓿草粉对肉仔鸡生长性能的影响[J]．饲料博览（技术版），2007，（01）：41-43．

[3] 杨雨鑫，王成章，廉红霞，等．紫花苜蓿草粉对产蛋鸡生产性能、蛋品质及蛋黄颜色的影响[J]．养殖与饲料，2004，（09）：4-9．

[4] 占今舜，詹康，刘明美，等．苜蓿草颗粒饲料对鹅屠宰性能、器官和血液生化指标的影响[J]．草业学报，2015，24（08）：181-187．

[5] 朱宇旌，田书音，曹敏健，等．红三叶异黄酮对肉鸡生长性能的影响[J]．沈阳农业大学学报，2009，40（06）：693-697．

[6] 姜义宝，杨玉荣，王成章，等．红车轴草异黄酮对肉鸡生产性能及肉品质的影响[J]．草业科学，2011，28（11）：2032-2036．

[7] 付阳，张兆生，朱勇文，等．花生秧粉对21～70日龄皖西白鹅生长性能、屠宰性能、消化酶活性和血清生化指标的影响[J]．动物营养学报，2023，35（04）：2326-2335．

[8] 刘珍妮，雷小文，孔智伟，等．发酵花生秧对番鸭生产性能、屠宰性能、血清生化指标及鸭粪常规成分的影响[J]．中国畜牧兽医，2020，47（11）：3493-3501．

[9] 占今舜，夏晨，刘苏娇，等．黑麦草对扬州鹅生长性能、屠宰性能和血液生化指标的影响[J]．草业学报，2015，24（02）：168-175．

[10] 王宝维，刘光磊，吴晓平，等．五龙鹅对鲜黑麦草结构日粮粗蛋白质和氨基酸代谢规律的研究[J]．扬州大学学报，2004，（03）：12-15．

[11] 刘林秀，谢明贵，谢金防，等．不同黑麦草饲喂量对兴国灰鹅育肥及屠宰性状的影响[J]．水禽世界，2009，（02）：33-35．

[12] 王宝维，吴晓平，刘光磊，等．墨西哥玉米结构日粮对五龙鹅的氮平衡及钙磷消化率的影响[J]．吉林农业大学学报，2004，（02）：201-205．

[13] 胡民强，胡敏华．日粮中皇竹草粉含量对马岗鹅屠宰性能及肉质的影响[J]．黑龙江畜牧兽医，2012，（12）：71-72．

[14] 姚娜，邓素媛，梁永良，等．桂闽引象草对肉鹅屠宰性能和肉品质的影响[J]．畜牧与兽医，2016，48（12）：47-49．

[15] 李彬，黄颖妍，李林，等．菊苣牧草在中速型黄羽肉鸡上的营养价值评定[J]．中国畜牧杂志，2023，59（11）：238-241+248．

[16] 杨君研．菊苣多糖对蛋鸡生产性能、蛋品质及脂类代谢的影响[D]．吉林农业大

学，2018.

[17] 郑明利，毛培春，田小霞，等.日粮中添加菊苣草浆对北京油鸡生长性能、屠体性能及蛋品质的影响[J].草学，2018，(S1)：3-5.

[18] 赵舰，赵国先，刘观忠，等.菊花粕对蛋鸡的营养价值评定[C].第七届中国蛋鸡行业发展大会会刊，2015：4.

[19] 刘晓静，史彬林，赵育国，等.日粮中添加沙蒿籽粉对肉仔鸡肠绒毛形态及肠道菌群的影响[J].饲料工业，2011，32(05)：13-15.

[20] 曹振兴，史彬林，李倜宇，等.艾蒿粉对肉仔鸡生长性能、屠宰性能和肉品质的影响[J].粮食与饲料工业，2015，(06)：56-59.

[21] 张丽英，李德发，谯仕彦，等.日粮中添加酸模草粉对商品肉鸡生产性能的影响[J].饲料研究，1999，(09)：34-36.

[22] 张春珍，杜学仁，李聚才，等.酸模菠菜对鸡产蛋的影响[J].宁夏农学院学报，1999，(04)：52-56.

[23] 刘涛，刘来亭，张勇，等.葎草醇提物对AA肉鸡生长性能、屠宰性状和肉品质的影响[J].中国饲料，2011，(12)：27-30.